U0242330

OMOTENASHI TABLE COORDINATE

爱与餐桌 一期一会

——餐桌花艺之十二个月

[日]山本侑贵子 / 著 Yukiko Yamamoto

李静 / 译

中原农民出版社
· 郑州 ·

前　言

我作为宴饮·空间设计师在业界工作已经超过了15年，经手装饰的筵席台面不胜枚举，致力打造轻松舒适的餐饮空间。
说起餐饮空间的装饰和筵席布置不可或缺的存在，那就是色彩和花卉。可以毫不夸张地说，这两个是最重要的构成部分。
色彩能够极大地影响筵席的美感和给人的印象。“筵席布置选用的色彩必须控制在三种以内”，从我刚入行开始，就在不同的场合听到过这句“黄金法则”。这样做的话，花卉会起到绝妙的作用，能演绎出绚美色彩和优雅氛围。
自然界有那么多的存在，可是只有花卉才能让人欣赏到最美丽的色彩装饰。在进行节日庆典和纪念日庆祝之际，按四季的不同，在餐桌上摆放时令花卉，那种季节感会更加鲜明。此外，同样为红色花卉，玫瑰演绎的氛围是古典正式的，而大丁草花就给人轻松休闲的印象。不仅是色彩，每种花卉都有独特的韵味，个性鲜明。将它们巧妙地运用在餐桌花艺里，餐桌就有了不同的意象：或可爱，或有活力，或高贵，或奢华，或华美，或妖艳，或优雅，或异国风情……林林总总，不一而足。
本书以花卉和色彩为主题，介绍了25例筵席布置设计。说起本书的结构，这次是将筵席布置和花艺设计放在同样重要的位置。这张桌子应该摆放这种花，那种花适合那张桌子。每个细节都经过深思熟虑，让花卉和餐桌浑然一体、相得益彰，呈现出绝佳的餐台布置。
希望此书能为各位在进行筵席布置时提供参考。如果大家也能尽情欣赏花卉和色彩营造的唯美氛围，作为作者，于愿已足。

山本侑贵子

Yukiko Yamamoto

OMOTENASHI
TABLE
COORDINATE

CONTENTS

前言　003
山本流　配色・配花的基本原则　006
本书的使用方法　008

体现季节感的筵席布置

Seasonal Table Coordinate

4_April
珍爱金合欢　强调复活节的到来（黄色×绿色×深灰色）　011
看得见海景的房间（浅褐色×绿色×黄色）　015

5_May
母亲节　营造玛丽・洛朗桑的绘画意境　（灰色×紫色×粉红色）　019
蓬巴杜夫人的茶会　（浅莲红×粉红色×绿色）　023

6_June
六月新娘　款待新婚的妹妹夫妇　（绿色×白色）　026
与梅雨天来场美丽邂逅　营造父亲节的意象　（蓝色×绿色×黄色）　029

7_July
浪漫七夕　（黑色×绿色×紫色）　032
盛夏在塔希提的度假时光　以高更的绘画为意象　（五彩色）　035
感于伊夫・克莱因的绘画　在餐桌上展现现代艺术　（蓝色×白色×绿色）　039

8_August
梵高的《向日葵》　轻松简便的午餐筵席　（黄色×绿松石色×褐色）　042
欣赏室内绿植　营造热带草原萨瓦纳的意象　（米色×绿色×黑色）　044

9_September
庆祝重阳节　（红色×橘色×绿色×褐色）　049
用爱马仕的品牌颜色来装饰筵席　惬意品尝红酒的立式冷餐会　（橘色×绿色×褐色）　053

10_October
走成熟风的万圣节派对　（黑色×灰色×红色）　056
孩子们的餐会　属于孩子们的万圣节　（橘色×红色×黄色）　059

11_November
将红酒作为主角　营造收获节的意象　（紫色×粉红色×绿色）　063
晚秋的收获庆典　以狩猎的场景为意象　（米黄色×褐色×橘色）　066

12_December
单一色调的圣诞节　（灰色×白色×银色）　069
光辉璀璨的圣诞节　用小饰品精心装扮　（粉色×蓝色×紫色）　072

※本书里刊载的餐具和台布等物品，仅仅罗列了品牌和系列等需要特别介绍的信息。
有些物品是作者自己所有的，有些在当前的店铺买不到。

1_January
和闺蜜们一起庆祝新年 （红色×白色×黑色） 074
夫妇二人共度新年 （黑色×红色×银色） 076

2_February
情人节 （白色×绿色×黑色） 079
乐享非洲民族风 从装饰空间中获得灵感 （褐色×红色×绿色） 083

3_March
花园里的下午茶时光 （黑色×白色×银色） 087
庆祝毕业 （黄色×绿色×紫色） 091

Column_1 常用的基本餐桌用品 046
Column_2 山本流筵席布置基本式样 094

手工制作的餐桌用品和餐巾工艺

Hand Made Table Item & Napkin Work

餐单 1 用带有花纹的彩纸和缎带制成 096
餐单 2 用金色彩纸和流苏制成 097
餐巾装饰结 1 用毛毡布和纸芯筒制成 098
餐巾装饰结 2 用小饰品制成 098
餐巾的折法 用保水容器和缎带制成 099
筷子包装纸袋 用印有自己喜欢的花纹的纸张制成 100
刀叉搁枕 用塑料小饰品制成 100
箸枕 用日本传统色彩的彩纸制成 101
礼品盒 1 用人造花制作 102
礼品盒 2 用彩带来装饰 102
花卉基座 1 用制成永生花的地衣来制作 103
花卉基座 2 贴上绒毛叶 104
餐巾折花 1 帆船 105
餐巾折花 2 扇子 106
餐巾折花 3 波浪 107

本书的筵席布置色彩一览 108
作者简介 111

Rule 1

定好主题，选择颜色

在布置筵席时，首先要做的是确定主题。主题可以为季节的传统行事，可以为家人和朋友的纪念日，不一而足。除了使用时令花卉，有时也可以在餐桌上描绘出某些具体意境，如“在室外尽情欣赏新绿”“海边度假胜地的氛围”等。定下主题之后，接下来要考虑的就是和主题联动的餐桌配色问题。
对于筵席布置而言，色彩是最为重要的元素。根据使用配色的不同，筵席的整体形象会迥然而异。此外，如果整体配色不和谐，即使摆放着华贵美丽的高级餐具，也感受不到它们的魅力。色彩是强烈刺激视觉的要素，极大程度地左右筵席的美观效果。

Rule 2

使用的色彩不能超过3种

筵席的台面是个狭小的世界，那里摆放着餐具、台布和花卉等多种元素。如果色彩过多的话，很难达到完美和谐。因此，使用的色彩控制在3种以内（白色、黑色和灰色这些无彩色以及刀叉的银色不被计算在色彩之内）。有些筵席布置只选用了一种颜色，还有些筵席布置完全没有选用彩色（单色调布置）。本书里面的筵席布置有时会在主题色彩的部分加上无彩色，不过仅限于那种颜色在筵席布置中起到关键作用的场合。另外，如果使用的色彩超过3种，就说明有些色彩仅仅是作为添色加进去的。本书里介绍的4色配置，都是基于这一点考虑的。

山本流

配色・配花的基本原则

在筵席布置上，
色彩是决定整体印象的重要因素。
在此介绍有关配色方法和技巧的8条基本原则。

① 必备物品是配色卡。它是将每种色调按照色相顺序，把每张色卡缀在一起制成的。一般把它放在包里随身携带。在寻找餐桌用品时，有时会用配色卡对照着实际情况来考虑配色。它可以通过绘画材料店或网店买到。
②绘图时必备的各种道具。我经常用彩笔或彩色铅笔一边上色，一边思考如何配色。如果用来绘图的笔的颜色丰富多彩，就更容易勾勒出各种意象。我一般使用的是德国老牌子“Faber-castell”的水性彩色铅笔和钢笔。
③市面上卖的成品很少有自己喜欢的色彩和花样。因此，还需要准备各种纸张，用来制作手工色卡。我喜欢用的是大型文具店和材料店售卖的剪贴簿和硬纸板。从有花纹的到素色的，最好各种都配齐了，这样会很方便。

Rule 3

了解色彩的3种属性

色彩的三要素，即色相、明度和彩度，被称为色彩的3种属性。将色相按照彩虹的色彩顺序排列，就成了右边的色相环。一般将相邻的色彩称为类似色，将位于相反位置的2种颜色称为互补色。如果用类似色来装饰餐桌，就会给人以协调一致的印象，如果使用的是互补色，就会有明显的对比，富于变化之美。明度指的是色彩的明暗，彩度指的是色彩的鲜艳程度。明度和彩度组合而成的色彩的调子就是所谓的色调。在布置餐桌时，统一色调可谓重中之重。这是因为不同的色调可以表现出“沉稳”“明快”“柔和”等各种风格。
色彩的世界深邃无边，奇妙无比，刚开始的时候大家可以参考色相环来选择色彩的搭配，等熟悉之后最好手边常备色调图之类的（可以在美术用品店或者网店购买）来考虑配色。

色相环

这是将色彩按照彩虹的颜色顺序排列而成的，作为布置餐桌时的配色参考。如果将互补色搭配使用，需要注意色彩的分配问题。

Rule 4

描绘色彩的分配

定下来所使用的色彩，就要考虑如何用餐桌用品来构成希望的色调。进行筵席布置，按重要程度来说，仅次于色彩的就是各种素材了。餐桌上摆放的各种物品，如陶器、瓷器、玻璃、麻、棉和金属等，分别由不同的材质制作而成。即使是同一色彩，如果选用不同的材质，也会有截然不同的风格。在这个阶段，我们需要在素描本上勾画出筵席的整体意象，先对照着摆上现有的餐具和台布，用彩笔填充颜色，在写写画画中定下来餐桌用品的色彩和材质。台布是筵席布置的场地，色彩面积庞大。如果确定了主色彩，就需要考虑台布的用途：是用台布来衬托主色彩，还是整个台布完全选用主色彩？餐桌摆花也需要在这个阶段决定下来。

Rule 5

将花卉控制在3种3色之内

表现季节和色彩的花卉，是筵席布置里不可或缺的存在。各色花卉真可谓缤纷多彩。同样颜色的花卉，因外形、花瓣和花茎的质感不同，给人的印象也迥然而异。稍有不慎选错了花卉，就会破坏筵席布置的美感。建议新手只选用一种单色花做装饰品，花卉颜色与主题色彩近似。想增加的话，也要控制在3种花卉、3个颜色之内。先搭配同一种花的同系色彩，体现色彩的浓淡层次，之后再考虑搭配不同种类的花卉。在这种场合，需要结合各种花卉的独特个性（如“休闲”“时尚”等），同时考虑花卉的不同质感来配置花卉。此外，有些人布置餐桌的出发点是“我想用这种时令花”。即便如此，也需要根据花卉的个性来确定筵席的意象，并据此搭配餐桌用品。

Rule 6

餐巾和餐单也得别有韵味

用来擦拭手与口、避免弄脏衣服的餐巾也是必不可少的餐桌装饰品。餐巾的颜色和折法在装饰布置的最后环节确定。如果餐巾的折叠方法突出挑高感，餐桌就显得灵动不凡，餐巾的颜色也会极其抢眼。如果只是简单叠好平放着，餐巾的色彩就会成为含蓄内敛的存在。餐巾的颜色可以是从主题色彩中选出的某一种颜色。根据所选色彩的不同，餐桌的整体印象也随之变化。餐巾的颜色也可以选用主题色彩里没有的颜色，以此作为添色。总之，可以随意考虑餐巾颜色，只要不破坏整体和谐感即可，可以把它想成做菜时最后放的调味品。另外，餐桌上面摆放几样手工做的东西，如手工做的餐单等，会增添很多温馨味道。在色彩上和餐巾的作用也是一样的，作为色彩的调味剂来使用。不过不能混淆色彩的整体美感，需要起到画龙点睛之妙。

Rule 7

菜品也得对应主题色彩

筵席以精心选择的颜色作为主题，就想在菜品和饮品的色泽上有所偏好。如果一些菜品吻合主题色彩的话，就会觉得和谐统一。当然，想要做到从前菜到甜品的所有菜品的色彩都保持一致，是很难的。我们要想些办法，比如说用晚餐时，就算只有餐前酒的下酒菜和前菜用颜色为主题色彩的食材来制作的话，也能更加鲜明地表现主题性。而午餐的场合会有沙拉，喝下午茶的时候会有不同颜色的甜品，它们都很容易用来配色。饮品也一样，如果将粉红色定为主题，就选用桃红葡萄酒；以绿色为主题，就选用泛着绿意的白葡萄酒，这样颜色就能统一。另外，在选择葡萄酒的时候，如果酒瓶上的标签和设计风格也能吻合筵席布置的色调和主题的话，那种时尚的印象就会更强烈。

Rule 8

体现季节的色彩

考虑季节色彩具有的意象及传达的信息，从而决定配色，这也是极为重要的。比如说在炎炎夏日就用清凉的蓝色，而冷冷寒冬就用温馨的暖色系。不仅如此，将每个季节本身的色彩作为主题色彩的方法，也是一种增加筵席装饰色彩的手段。春季就是花卉的粉红色和植物的新绿色，夏季是大海的蓝色，秋季是红叶的颜色，冬季自然是降雪的白色。四季的风景历历在目，自然就会获得配色的灵感。此外，喜欢的画家和绘画的色彩、品牌的形象色彩和国外的摄影集等，也是配色的灵感宝库。还有种方法是在购物街区上随便闲逛，搞清楚当季的流行色，以此扩展思维。这样说来，身边就有数不清的配色灵感之所在。

本书的使用方法

本书从4月到翌年3月按月份分别介绍了四季的筵席布置，在每页详细讲解主题色彩、花卉的搭配、餐桌用品的选择要点等涉及筵席布置艺术的内容，大家在实际布置筵席时可作为参考。

介绍每个月的筵席布置内容和主题色彩。

详细讲解筵席布置的内容。

Table Item

详细讲解布置筵席时，摆放的餐桌用品中那些作为重点的物品，并介绍将餐具、餐巾和餐单等完美组合的诀窍。

Food

关于餐桌上摆放的菜品和饮品的解说（有些没有这个部分）。

Color

关于筵席布置艺术的色彩部分的讲解。阐明选择这种配色的理由，并介绍配色时的诀窍等。

Inspiration Process

介绍从筵席布置的企划设想到最后实际成形的整个流程。

Flower

关于餐桌摆花的讲解。介绍时令花卉以及配色和配置方法等。

Seasonal Table Coordinate

体现季节感的筵席布置

筵席布置，
首先需要根据筵席主题，如节日的庆典或纪念日等来确定色彩。
筵席布置的目的是点缀餐桌，
愉悦每天的饮食生活。
这里详细介绍筵席布置的各种技巧，
包括如何使用丰富的四季时令花卉来装饰餐桌，
以及餐桌用品的搭配方法等。

4_April

珍爱金合欢

强调复活节的到来

金合欢的花期为2～4月，在欧洲被视为春天的象征花卉。此款筵席布置的意象就是人们在室外一边惬意地享受午餐，一边欣赏金合欢那圆圆的黄色花朵坠得树枝都弯下了腰的华丽美景。

Thema Color

Yellow × Green × Charcoal Grey

黄色 × 绿色 × 深灰色

在欧洲，黄色是象征春天的色彩。它也是庆祝基督复活的春季盛大节日——复活节的形象色彩。此款筵席布置就是强调复活节的到来，将深灰色的台布作为台面，以此映衬金合欢那自然纯美的气息以及柔和华美的色彩。将浩瀚金合欢摆放在从单侧能尽情欣赏的位置。饮品是用香槟和橘汁调配的鸡尾酒，名字也叫金合欢。让我们干杯畅饮吧！

Inspiration Process

以春天的象征花金合欢为主角。

▼

为了映衬花朵的华美黄色，筵席布置选用了深灰色的台布。

▼

把金合欢摆在藤制花篮里，配搭上数量繁多的绿植，营造置身自然的氛围。

▼

选用单色调的餐具增加文雅气息，以免乡村气息过于浓重。

Table Item

复活节彩蛋

在材料店等地方买复活节彩蛋时，只挑选那些与餐桌的主题色彩搭调的彩蛋。为了与金合欢相和谐，藤制的篮子里可以铺上苔藓块来装饰。可以将彩蛋当成猜谜的小道具，在彩蛋上写上数字，让客人挑选自己喜欢的彩蛋，猜中了的话就送出惊喜礼物，这样也会妙趣横生。

餐巾

因为台布和餐具都是无彩色，餐巾就选用了和金合欢的颜色接近的黄色。如果将餐巾直立折放的话，就会妨碍到金合欢的存在感。因此需要精心考虑餐巾的折法，让它成为筵席整体里不过分抢眼的存在。如左图这种折法可以让它成为一处亮点，恰如其分的色彩发挥了绝佳效果，而不会留下冷清空寂的印象。

餐具

此款筵席布置，如果餐具也选用休闲风的物品，就会给人以小孩子过家家的印象。因此重点在于打造成熟氛围。刀叉选用银色的，餐碟选用时尚优雅的单色调的骨瓷。这里用的是英国御用名瓷“Royal Crown Derby”中“Aves”系列，上面绘制有在乐园里生息的鸟和植物，设计风格洋溢浓郁日式风情，因此，非常吻合在室外用餐的意象。

“摆放浩瀚的金合欢来寓意春天，演绎开放空间的氛围”

Flower

【Flower&Green】金合欢，三色堇，爬山虎

金合欢

先把金合欢放在塑料桶里，再放进藤制的篮子里，感觉像是流泻的瀑布，表现出这个季节独有的花卉美感。自然质朴的金合欢和藤制品可谓绝妙搭配，再摆上时令花三色堇和爬山虎的盆栽等休闲风格的花卉和绿植作为装饰物，强化在自然的怀抱中惬意用餐的意象。

Color

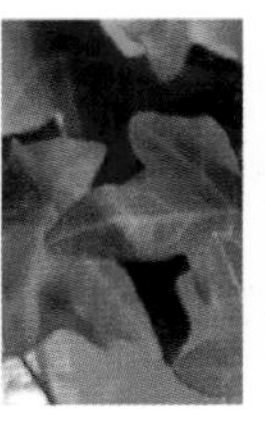

黄色×绿色×深灰色

此款筵席以金合欢为主角，首先要考虑的就是如何映衬它的色彩。如选用深灰色台布，它可以极好地映衬花卉的黄色，并且带着自然质朴的脉脉温情。除了绿植的绿色之外，不添加任何颜色。餐碟也选用无彩色的。餐巾也和金合欢的色彩相一致，做到和谐统一。如果菜品的颜色也为黄色，比如放有鸡蛋的沙拉或乳蛋饼，灿烂夺目的黄色金合欢的印象就会更为强烈。

4_April

看得见海景的房间

此款筵席设计的意象，是在节假日的午时，坐在能够眺望到春季秀美平静的大海的特别空间里，惬意地享受午餐时光。精心活用墙壁和家具等室内装饰的颜色和素材感，营造出充满季节韵味的轻松南国风情。

Thema Color

Light Brown × Green × Yellow

浅褐色 × 绿色 × 黄色

  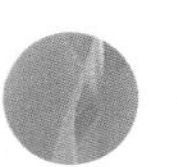

许多人喜欢在海滨的度假酒店开个房间，在房间自带的餐厅里和朋友共进午餐。但这不是在自己家里，因此充分利用这里的空间设计就极为重要。此款筵席设计汲取藤椅和木桌等天然材质的颜色和风格，利用空间的挑高感，摆上槟榔树和车百合，显得怡然自适，休闲度假的氛围更为浓重。花器和餐碟的材质质感朴实无华，但是设计风格时尚雅致，使得自然朴实的空间多了些精致韵味。

Inspiration Process

在宾馆的海景套房里面享用午餐。

▼

套房的室内摆设品多为天然材质，设计风格为南国风情。筵席布置需要与这种风格相和谐。

▼

台面没有铺餐布。摆放上高俏颀长的南国植物，给人强烈的视觉冲击。

▼

筵席为自然质朴风格，不过餐具选用的都是造价不菲的高级货，体现在特别空间里用餐的高品位追求。

Table Item

烛台

将德国的玻璃器皿大牌厂商“Nachtmann”的烛台作为工艺品使用。琥珀色正好与房间的室内装饰风格相吻合。

餐碟和餐巾

餐碟选用的是日本有田烧瓷器品牌“1616/Arita Japan”的系列产品，设计风格时尚，也可以将它们当成西餐餐具使用。它们没有涂抹釉药，质感厚实质朴，与以天然材质为主的室内设计风格完美搭配。摆放的槟榔树修长高俏，为了不遮蔽它的美感，餐巾没有竖立折花，而是平着折放，再夹上一朵安祖花。（折法参见 P107）

餐垫和刀叉

大家坐在实木桌前轻松共进午餐，为了强调这点，特意用了餐垫。纽约设计工作室“Chilewich”有种餐垫的花形是大丽菊，透过镂空花纹可以感受到原木的质感，效果极好。刀叉选用的是意大利的餐具制造商“D & D”的产品，手柄为深褐色，在休闲风中流露出一抹优雅。刀叉和餐垫放在一起，使餐桌多了几分精致高雅的韵味。

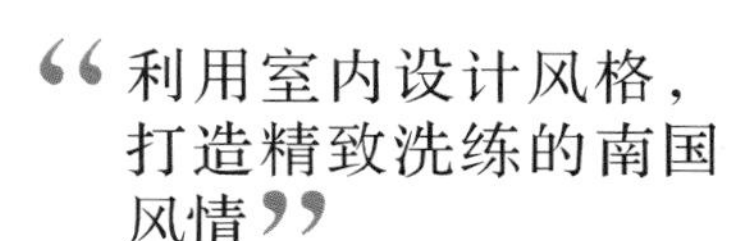

“利用室内设计风格，打造精致洗练的南国风情”

Flower

槟榔树和车百合等

花器和餐碟一样，同为上文提到的日本有田烧瓷器品牌。在花器里插上槟榔树和洁白的车百合，营造出活泼的动态美。花材的数量不多，不过充分发挥了观叶植物的妙用，仅仅这些也能营造出南国风情。这个大餐桌可以容纳 8 个人就座，摆上了 3 个同样的花艺作品。摆放在正中间的花器里插上安祖花作为点睛之笔。为了完美互动，强调连续性，特意在餐巾里夹上安祖花。花器下面垫上密林丛花烛那肥大的叶子，给人绿意盎然的印象。

[Flower & Green]
槟榔树、车百合、安祖花、密林丛花烛

Color

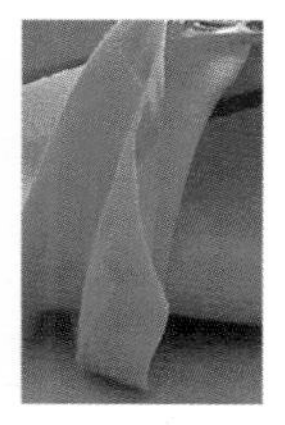

浅褐色 × 绿色 × 黄色

这种配色充分利用了房间的室内装饰风格。基调是实木餐桌和藤椅的明亮浅褐色，再添加上勾勒南国风情的观叶植物作为绿植。此外，为了搭配木头的色调，选用了有着柔和奶黄色的餐巾。为了避免整体氛围过于柔和质朴，选用了琥珀色的烛台来收敛整体色调，增加别样韵味。

5_May

母亲节

营造玛丽·洛朗桑的绘画意境

20世纪初活跃在法国画坛的女画家玛丽·洛朗桑是我母亲最喜欢的一位艺术家。母亲节是对母亲的日常劳作表示感谢的日子，因此将筵席布置得有如绘画一般优雅华美。

Thema Color

Grey × Purple × Pink

灰色×紫色×粉红色

要想表现出绘画的意境，重点在于汲取那幅画所使用的色彩特征。玛丽·洛朗桑喜欢用灰色和紫色搭配上粉红色，这些浅色系的色彩非常柔和，但是在她笔下，色彩和笔触极好地让阴影和华美和谐共存。因此，选用了浅灰色台布，再铺上中央缀有彩带的长条桌带，描绘出女性的婉约柔美之情，并以此为背景，摆放餐具和花卉。在搭配时注意在色彩上适当加以修饰，体现强弱层次等美感，铺陈出绘画的意象。

Inspiration Process

灵感来源于玛丽·洛朗桑的绘画。

▼

将象征这位女画家绘画的色彩，即灰色、紫色和粉红色选定为主题色彩。

▼

用台布和小装饰物使灰色有深浅浓淡之分。

▼

再搭配上浅色系的花卉，营造春天花园的意境。

Table Item

礼品盒和小卡片

把买来的焙制点心放在手工制作的礼品盒里，再放一些小卡片，就有了盛情待客的意味。盒子是从材料店买回来的，盒盖上粘有与摆放的鲜花别无二致的人造花（做法参见P102）。卡片是将颜色为主题色彩的彩纸裁成同样大小制成的。将这几种彩色卡片稍微错一点缝叠在一起，这样就能看清每张卡片的颜色，然后在中央对折。在对折的地方穿一条彩带，打个结，也是很漂亮的。

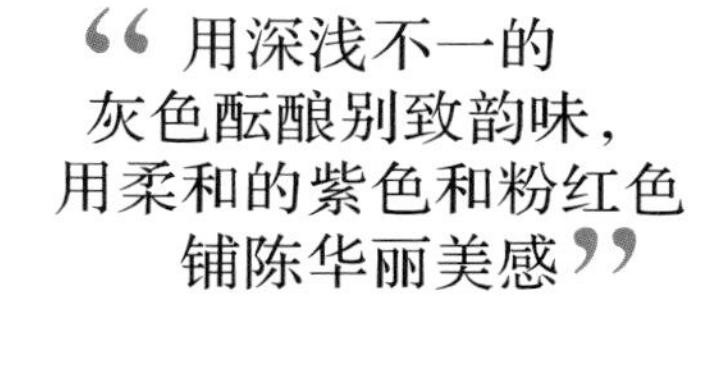

“用深浅不一的灰色酝酿别致韵味，用柔和的紫色和粉红色铺陈华丽美感”

Flower

芍药和香豌豆等

筵席正中央位置选用了时令花卉芍药作为装饰亮点。将花卉插入底端装有水的、外表像烛台一样的花器里，花器那像帽檐一样的部分是用来固定花朵的。因此，虽然插花形式为自由式插花，但是会达到跟花艺造型一样的效果，显得丰盈饱满。选用紫色的香豌豆，不仅因为这是绘画的色彩，而且也能联想到画家的笔触。摘掉茎上长的花，把香豌豆插在香槟酒杯里，这样就能欣赏它那美丽的茎。把摘下的花朵漂在鸡尾酒杯上，做成装饰品。

【Flower & Green】
芍药、香豌豆、玫瑰、土耳其桔梗

餐具和餐巾装饰结

餐具选用了法国餐具名牌“Raynaud”的Eclipse系列，它们的色调为黑、白色，看起来像是深灰色。用寓意洛朗桑绘画的蝉翼纱彩带作为餐巾装饰结系在餐巾上。浅色系的彩带很容易给人留下模糊不清的印象，选用两边有条纹的彩带就能显得清晰明快。长条桌带选用的是法国家纺名牌“ALEXANDRE TURPAULT”布艺。

Color

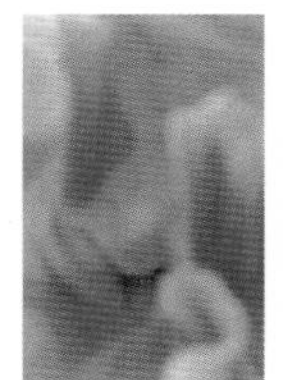

灰色×紫色×粉红色

灰色是洛朗桑绘画色彩的象征色，此款筵席重在表现它的别致韵味。用浅灰色的台布和长条桌带布置台面，而餐碟、刀叉和花器等为深灰色，这样就体现出色调的强弱层次。再摆放上紫色和粉红色的花卉，描绘出5月花园里繁花盛开的华美盛景。

5_May

蓬巴杜夫人的茶会

此款筵席布置以华美的粉红色为主角，展现春天的盛景。整体意象来源于法国国王路易十五的宠姬蓬巴杜夫人。筵席风格为成熟雅致的粉红色系，表现有节制的甜美。

Thema Color

Fuchsia Pink × Pink × Green

浅莲红 × 粉红色 × 绿色

蓬巴杜夫人才貌兼备，声名远扬，是当时社交界的明珠。她也是位美食家，还推动了“Sevres”瓷器的发展。这种瓷器的一款经典色彩就被称为蓬巴杜玫瑰红。这款茶会布置是以她最喜欢的粉红色为主，以“她重生在当代会怎样”为主题，由玫瑰香槟酒和精致甜点织就茶会的优雅时光。粉红色浓淡不一，层次分明。其间，餐具和花器的银色使整体氛围多了几分现代的韵味。

Inspiration Process

以“重生在当代的蓬巴杜夫人”为主题。

▼

筵席布置以象征这位夫人的粉红色为主。

▼

以华美的浅莲红台布为背景，用甜美度适中的粉红色做出浓淡层次，富有变化。

▼

花卉的设计风格力求表现古典美。搭配上个性鲜明、身价不菲的餐具，就成为古典与时尚相融合的茶会筵席。

Table Item

餐具和餐单

甜点盘、咖啡杯和咖啡壶选用的是法国著名瓷器“Raynaud”的Silver系列。餐具选用这种设计风格鲜明的银色，这样一来，即使主题色彩为粉红色，整体氛围也有强烈的时尚气息。将银色的冰淇淋杯当成餐牌座使用，里面放上手工制作的餐单，别具匠心。大家看到的话，也能当成一个小话题。彩带不要系成蝴蝶结，在一侧打结就好，这样不会过于甜美。（卡片的做法参见P96）

杯子和托盘上的花纹为三叶草形状的几何学设计风格，给人时尚的印象。

Food

马卡龙

色彩缤纷的马卡龙是很适用的物品，能够增添餐桌的色彩，起到点睛之妙。这里选用的是与刀叉为同一厂商的法国银器制作商“Ercuis”的银质点心架，将马卡龙错落有致地摆放在点心架上，体现娱乐心态。马卡龙也是以粉红色为基调的，不过跟花卉一样，里面稍微夹杂些绿色来表现春天的气息。

“以艳丽的粉红色为基调，表现‘当代的蓬巴杜夫人’，营造古典与现代相结合的氛围”

Flower

大丽菊等

花卉以大丽菊为主，它与台布的色彩浑然一体，再配搭上浅粉色花卉以及粉紫色花卉，在色调上做出深浅层次。将少量的绿植作为添色使用，营造春天的自然风光。将摆花做成丰盈的圆形花束，铺陈蓬巴杜夫人生活的法国洛可可时代的古典意象。同时，花器选用的是足座倾斜的物品，设计风格独特，打造时尚现代的印象。并排摆放两个高低不等的花器，使餐桌显得活泼生动。

【Flower & Green】
大丽菊“小美”、毛茛“千穗之恋”、土耳其桔梗、康乃馨

Color

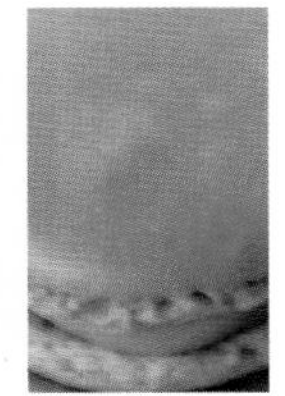

浅莲红×粉红色×绿色

鲜艳的浅莲红来自倒挂金钟的花朵颜色，以之为主体，勾画出蓬巴杜夫人那华贵妩媚的成熟女性形象。粉色系的装饰布置极易显得过于甜美柔和，因此，台布使用的色彩是浅莲红，并且增加这种色彩的比重。此外，粉红色和莲红色分属不同色调，以浓淡不同的粉红色来协调整体氛围，免得过于甜美。用绿植来增加变化。

6__June

六月新娘

款待新婚的妹妹夫妇

6月初，即将进入梅雨季节，草木日渐显得苍翠欲滴。在这一季节，满眼望去皆是盈盈绿意。妹妹作为六月新娘刚举行完结婚仪式，此款筵席就是家里人用来款待这对新婚夫妇，祝贺他们开始新的人生旅程的。色彩选用的是寓意此季节的绿色和白色，主色用的是萌黄色，这样不会感到清冷，并且充满温馨气息，清新活泼，非常适合年轻夫妇。

Thema Color

Green × White

绿色 × 白色

Inspiration Process

款待新婚的妹妹夫妇，给予家人的祝福。

▼

绿色象征这个季节，也寓意这对朝气蓬勃的年轻夫妇，从绿色中挑选萌黄色作为主色。

▼

用台布和花卉来丰富绿色的浓淡层次，用花卉和餐碟来体现新娘服饰的唯美白色。

▼

台布的刺绣图案和餐碟的蕾丝花边平添几许优雅韵味。

Table Item

餐巾装饰结

在人造绣球花上系上锦带，做成手工制作的餐巾装饰结。锦带的颜色不是白色，而是选用了香槟金，别有韵味。

餐桌蜡烛

筵席安排在白天，不需要点灯。不过如果想在餐桌上做出高低落差，餐桌蜡烛会很方便达到目的。此处使用的是深绿色蜡烛，使之成为装饰亮点。有时手边没有高脚烛台，如果不燃烧蜡烛的话，可以用高脚盘或点心架来代替烛台。

餐具和姓名卡

有刺绣花纹的台布来自法国家纺名牌“Alexandre Turpault”，而餐碟与之相对应，选用的是泛着温馨味道的白色瓷器。瓷器来自法国的经典老品牌“Niderviller”，那蕾丝模样的花边显得优雅唯美。手工制作的姓名卡也统一成主题色彩。

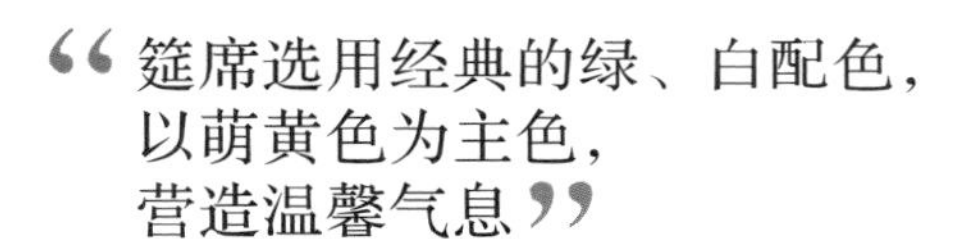

“筵席选用经典的绿、白配色，以萌黄色为主色，营造温馨气息”

Flower

绣球花等

花卉以时令花绣球花为主，选用绿、白两色。将两个花束并排摆在一起，跟婚礼主桌的花卉摆法一致，营造婚礼主桌的印象。黄绿色荚迷和绿色景天使色彩浓淡分明。间插摆放插有花朵的玻璃杯来舒缓氛围，免得过于隆重严谨。冷酒器里面也装饰几朵荚迷，显得活泼。

【Flower & Green】
绣球花（白色、绿色）、荚迷、景天

Color

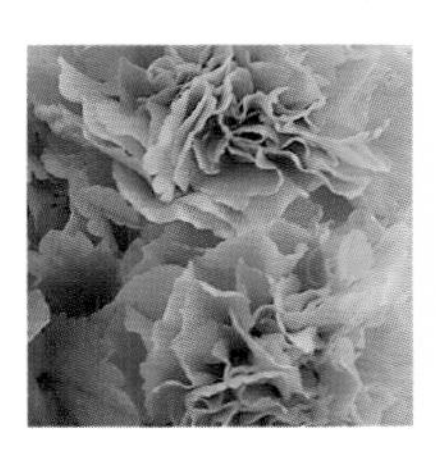

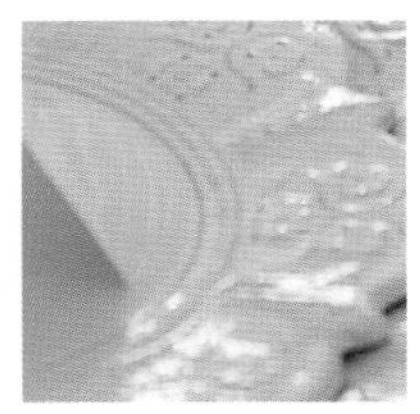

绿色×白色

用经典的绿、白配色来布置餐桌，有时会给人时尚流行的印象。如果用绿色的台布，并且加大绿色的比重，选用朝气蓬勃的萌黄色，就会营造出清新温馨的空间感。绿色调浓淡不一，层次鲜明，而花卉和餐碟的白色为柔和的色彩，整体色调和谐雅致。

6_June

与梅雨天来场美丽邂逅

营造父亲节的意象

“黄梅时节家家雨”，梅雨季节很多时候都是待在家里。因此采用明媚风格的筵席布置，不仅使室内变得亮堂，而且使心情变得飞扬。此款筵席的色彩和品位是男士也不会抵触的。

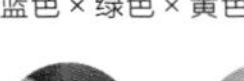

Blue × Green × Yellow

蓝色×绿色×黄色

选用的主色是让人目醉心悠的翠蓝色，这是男士也不会抵触的色调，并且季节感分明。色彩面积巨大的桌布选用这种颜色，房间的整体形象焕然一新。此款筵席布置用时令花卉蓝色绣球花当摆设品，餐巾和花卉搭配选用绿色和黄色的，铺陈清新舒畅的氛围。餐碟和餐垫选用长方形设计的物品，它们有别于圆球状的绣球花，多了几分锐利之感，给人以男性的印象。玻璃杯也限定为蓝色玻璃制成的器皿，显出对色彩的明显偏好。

Inspiration Process

在梅雨季，以明媚飞扬的心情度过父亲节。

▼

以翠蓝色为主色，这是偏男性化的颜色，也能让人想到梅雨季里的晴天。

▼

主要花卉为时令花蓝色绣球花，连接色选用黄色和绿色。

▼

餐桌用品全部为长方形，描绘男性化形象。

Table Item

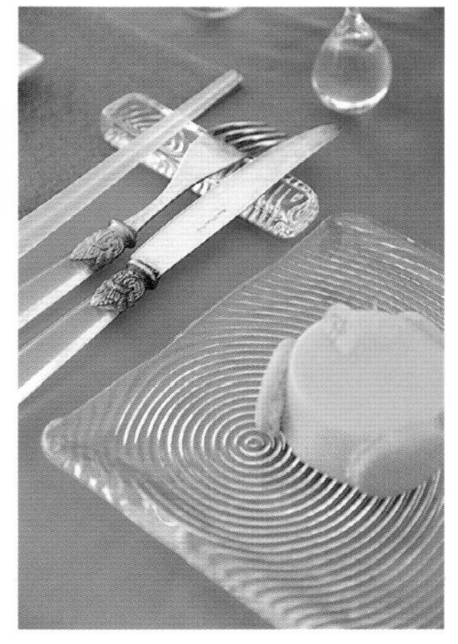

餐具

餐垫是在原材料店有售的人工草坪风格绒垫。绣球花的蓝色极为抢眼，如果只摆放在桌子中央，就会显得轻佻。在每个餐碟上也摆放一朵，表示欢迎之意，这样整体就会和谐一致。将餐巾也叠成方形的。
玻璃材质的盘子和箸枕都是用的“菅原”家的产品。图案像是水纹的涟漪，季节感分明。玻璃杯也选用“菅原”家的蓝色玻璃制品。

玻璃材质工艺品

将“菅原”家的玻璃材质的水滴形工艺品当成装饰品摆放，比拟坠落的雨滴。它们和绣球花也是完美绝配。将它们随意摆放在桌子中央，营造愉悦氛围。

“给这两种蓝色搭配上绿色和黄色，使绵绵雨季变得清爽怡人”

Flower

绣球花等

在餐桌中央摆上时令花卉蓝色绣球花，再搭配上黄绿色的绣球花和欧洲琼花，使空间显得舒适轻松。在透薄质地的方形花器里插上几朵花，再将这几个花器并排摆放，营造出餐桌摆花的平衡美感。这样也容易营造筵席的整体意象。

【Flower & Green】绣球花（蓝色、绿色）、欧洲琼花

Color

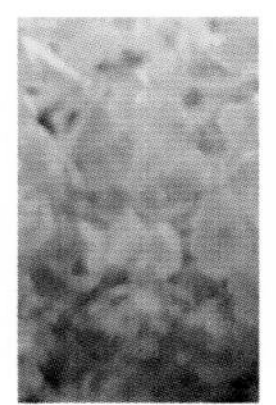

蓝色×绿色×黄色

明快的配色让人想起梅雨季节里的晴天。台布为翠蓝色，而绣球花为蓝色，虽说它们都是蓝色系，但是色调不好搭配，将绿色和黄色当成补色加进去，这两种蓝色就能完美衔接，并且显得轻松舒适。如果是夏季，可以加大白色的比重，酝酿清凉感。6月的印象是潮湿温润的，因此加大了绿色的比重。

7 __July

浪漫七夕

盛夏初始，而此款日式风情的筵席布置透出清爽凉意。7月的节日是七夕。在日本，象征七夕的物品是五彩的诗笺和细竹叶，在这里没有原封不动地使用这些常规的象征物。布置筵席时，将竹子也用作花器，在诗笺上写一些适合餐桌上谈论的故事性话题，这样，就在不经意间体会到轻松的娱乐心态。在黑色基调上添加绿色，演绎清凉之感。将紫色花卉用作点睛之笔，勾勒日本节日庆典的雅致韵味。

Thema Color

Black × Green × Purple

黑色 × 绿色 × 紫色

Inspiration Process

策划清凉舒爽的筵席。

▼

以夏季的传统节日七夕为主题，设计日式风情的筵席布置。

▼

以黑色为基调，将紫色作为亮点，强调日式风情，以绿色营造清凉感。

▼

那些象征七夕的物品不是原封不动地用在筵席里的，而是加入了更多娱乐心态。

Table Item

餐具

形似砚石的餐盘以及红酒杯和筷子都是黑色，以此渲染日式韵味。餐巾也是黑色的，联动感强烈。将叶面肥大的蜘蛛抱蛋折成船形，铺在盛放前菜的小碗下面，寓意渡过银河的竹舟，在不经意间演绎出七夕风情。

纸张的妙用

作为长条桌带使用的和纸上绘有几片细细的墨竹，将它当成七夕里不可或缺的细竹，正好与被用作花器的竹子成双成对，尽显娱乐心态。将颜色与万带兰近似的彩纸剪成短笺，上面写上从《万叶集》等处摘录的描写七夕的和歌，作为装饰物。

“将季节行事的韵味稍加变化，布置充满日式风情的愉悦筵席”

Flower

万带兰、日本吊钟花等

准备3截在花道里作为花器使用的竹子，再用彩带固定好，免得四处滑滚。在里面设置花泉，再配置些石竹，营造青苔遍生的意境，再插上兰花和万带兰，最后用百部做出流动之美。用时尚的日式风情勾画华美的设计意韵。将日本吊钟花摆在不妨碍筵席布置的地方，做出挑高感，让人感到放松悠闲，也能享受凉爽之情。它能够摆放很长时间，在夏天是很珍贵适用的观枝植物。

【Flower & Green】蜘蛛抱蛋、万带兰、兰花、石竹、百部、日本吊钟花、竹子

Color

黑色×绿色×紫色

以黑色为基调来强调东瀛韵味，但使用不当的话，就会有沉重之感。因此，铺上和纸代替长条桌带，增加白色的比重，营造夏之韵。餐具和餐巾也选用黑色的。而数量繁多的绿植显得绿意盎然。绿色在这里起到点睛之妙，既能收束色调，又有清凉之感。再加上紫色作为添色，整体色调蕴藉不尽风流之意。

7 _July

盛夏在塔希提的度假时光

以高更的绘画为意象

盛夏的度假时光，消磨在南太平洋的乐园塔希提。此款筵席就勾画出这般美丽的场景。灵感来自保罗·高更的绘画，以缤纷绚烂的色彩演绎南国的氛围。

Thema Color

Multicolor (Red × Yellow × Orange × Green)

五彩色（红色×黄色×橘色×绿色）

在塔希提度过晚年时光的法国画家保罗·高更的绘画，以丰富多彩的颜色使用广为人知。此款筵席选用了他笔下经常出现的红色和橘色等颜色，用五彩色描绘塔希提风情。从装饰在餐桌正中央的佛焰苞到包裹在餐巾里的红姜，所有花卉都选用南国的植物，颜色也都是高更绘画颜料的色彩，原封不动地在餐桌上再现画家的绘画景致。饮料和吸管的颜色也统一为主题颜色。

Inspiration Process

营造在热带岛屿塔希提上度假的意象。

▼

主题颜色选用的是在塔希提生活过的画家高更的绘画色彩。

▼

红色、黄色和橘色等五彩色用花卉来表现，描绘绘画的韵味。

▼

台布和餐具选用个性鲜明的物品，存在感强烈，丝毫不逊色于鲜艳夺目的花卉。

Table Item

台布和餐具

用作台布的是常用以包装物品的罩布形状的黄麻。这种天然的材质与塔希提的印象相吻合，也能映衬出花卉的绚美色彩。餐具和刀叉如果选用质感光滑润亮的白色和银色制品，就会被花卉压制，黯然失色。因此，选用存在感强烈的黑色和金色制品。

餐巾装饰结

将折叠好的佛焰苞叶子卷在餐巾上代替餐巾装饰结，用黄麻绳系起来，风格朴素自然。将作为点睛之笔的红姜装在切花保水管里保持水分，这样客人回家时可以把它带回去。保水管用酒椰卷好隐藏起来。

水果

芒果和番木瓜这些作为餐后甜点的热带水果，也挑选那些颜色为筵席主题色彩的。把它们当成艺术品，来装饰餐桌。

“用南国的缤纷彩色表现高更绘画的意境”

Flower

佛焰苞和兰花等

摆放在桌子正中央的佛焰苞外形雅致有趣，美妙绝伦的色彩微妙地吻合了画家绘画的色彩。将它们错落有致地摆在玻璃质地的花器里，高度为只露出叶子的程度，否则就会妨碍到视线。水里漂着几朵花，就会把花茎藏起来，显得清爽利落。插兰花的花器用香蕉叶包裹，系上酒椰固定好。用这些叶子来演绎南国风情。

【Flower & Green】佛焰苞、兰花（黄色、绿色）、莫卡兰“British Orange”、红姜、香蕉叶

Color

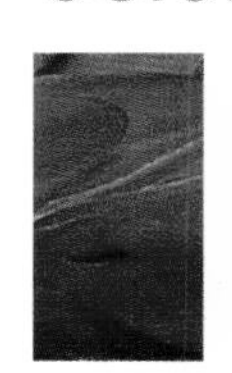

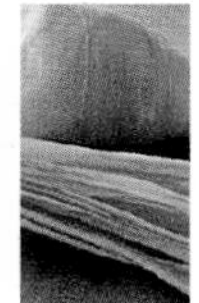

五彩色（红色 × 黄色 × 橘色 × 绿色）

所谓五彩色，指的是同时使用3种以上的多种颜色进行色彩调配。如果毫无头绪的话，就会很难进行配色。以绘画为参考，就会容易归纳。此款筵席主要是以花卉来勾画高更笔下的塔希提景致。虽说都是红色和黄色，其实色调缤纷多彩，各有千秋。因此，需要选择与绘画的绝妙色彩相一致的花卉，这是关键所在。

Bon appetit!
Bon appetit!

7 _July

感于伊夫·克莱因的绘画

在餐桌上展现现代艺术

生于尼斯的法国画家伊夫·克莱因是我推崇的一位画家。此款筵席的灵感就源于他在绘画中使用的标志性蓝色，意在餐桌上展现艺术。

Thema Color

Blue × White × Green

蓝色 × 白色 × 绿色

伊夫·克莱因的绘画有着强烈的个人色彩，在整个画面上只使用一种颜色，被称为单色绘画。他研发的佛青色染料被称为“国际克莱因蓝”，也是他的绘画艺术的象征色。此款筵席还使用了白色以及作为添色的绿色，将餐桌布置成艺术品。插花时妙用植物的独特外形，此外，精心选择餐桌用品，以此表现大都会的时尚之夏。

Inspiration Process

以伊夫·克莱因的“蓝色世界”为主题。

▼

将绘画的象征色用在台布上，而花卉和餐桌用品用白色来搭配，体现夏之韵。

▼

过多的蓝色给人冰冷之感，因此，将绿色作为添色。

▼

妙用花卉和观叶植物的美丽外形来装饰餐桌，并选用时尚设计风格的餐具。整个筵席的意境为洋溢大都会风情的现代艺术。

Table Item

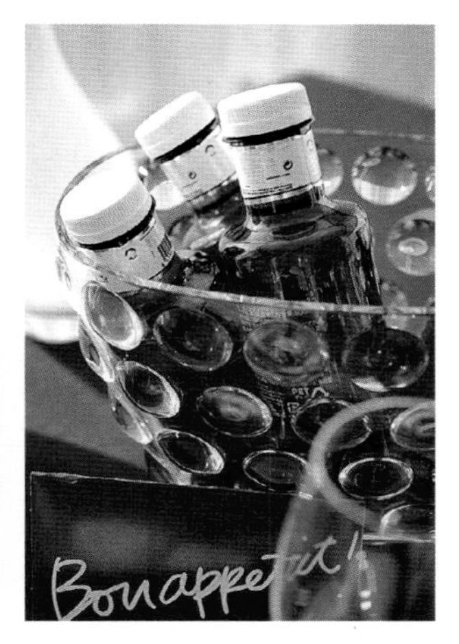

餐具

将盛放前菜的白色宽沿深碟摆放在佛青色玻璃托盘上，那种时尚的设计风格更为鲜明。将白麻质地的餐巾卷成简约时尚的形状，用手工制作的餐巾装饰结系好。（做法参见P98）色彩为荧光黄的酒杯是整个筵席的点睛之笔。右边酒杯的杯柱为白色，有着鲜明特征。选择这两者，是因为它们在深蓝色台布的映衬下显得美不胜收。它们来自意大利的名牌餐具“Italesse”，荧光黄的酒杯是用不易破碎的聚碳酸酯制成的。请客人随意取用的矿泉水也是装在蓝色瓶子里的，在色彩布置上用心规划。“Italesse”的冰桶上面的纹样为新潮大胆的水滴模样，演绎清凉韵味。

Flower

安祖花等

花卉的数量不多，显得清爽怡人。每种植物的外观各不相同，精心设计布置，尽情展现它们的美感，就像是在欣赏一个个精美的艺术品。铁角蕨需要修剪为客人落座后不会遮挡住视线的长度，尽情展现波纹状的美丽叶子。安祖花的特征就在于心形花瓣。因此，精心考量，将每一朵花插在合适的位置，这样大家可以从不同角度欣赏。康乃馨只取用花瓣部位，将它插在球形吸水性海绵里，做成圆形花艺，看起来像是艺术品。

【Flower & Green】
安祖花（白色、绿色）、铁角蕨“Green Wave”、康乃馨

“以蓝色和白色为基调，表现大都会的艺术之夏”

Version Change

花卉保持原样，将餐巾装饰结和酒杯换成青色的补色，即红色和橘色的，筵席就变为热烈的夏季风韵。餐巾装饰结上面有珊瑚，而餐单的蓝色条纹让人想起海员的制服，用这些将餐桌布置成大海的意象。在盛前菜的深口碟里倒上水，放上莫卡兰，就成了摆放欢迎花的花器。酒杯也选用杯柱为红色的“Italesse”的制品，色调得到完美统一。

Color

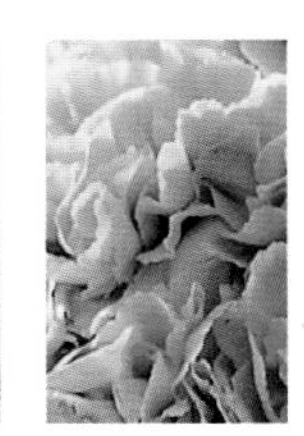

蓝色×白色×绿色

铺上佛青色的台布，来表现伊夫·克莱因绘画的象征性意象。如果餐桌上只有蓝色和白色，就会有清冷静寂之感，无法惬意用餐。因此，使用绿色作为添色，筵席就显得华美高贵。

8__August

梵高的《向日葵》

轻松简便的午餐筵席

荷兰画家文森特·威廉·梵高的《向日葵》，是以插在花瓶里的向日葵为主题创作的系列作品，背景使用了用黄色绘制的物品和用绿松石色绘制的物品。此款筵席将绘画中的向日葵原封不动地搬到餐桌上，而绘画背景的颜色用台布和餐巾来体现，整个筵席完整地表现梵高的世界。这是夫妻或情侣亲密享受夏日休闲时光的午餐筵席。

Thema Color

Yellow × Turquoise Blue× Brown

黄色 × 绿松石色 × 褐色

Inspiration Process

筵席布置以夏季的代表花卉向日葵为主体。

▼

在餐桌上体现梵高的绘画《向日葵》的形象。

▼

插花时将向日葵设计为近似绘画的外观，用台布和餐巾体现绘画中的背景颜色。

▼

餐具选用自然风格的物品，寓意绘画《向日葵》的发生舞台——阳光明媚的法国南部小城。

Table Item

餐具

为了与向日葵相匹配，素材和设计风格统一为充满温馨感的物品。它们以褐色和浅棕色为基调，让人联想到法国南部的农家餐桌。餐碟和刀叉是沉稳朴素的木制品，杯子是陶器。盛放蔬菜沙拉的玻璃碗以黄色小花为设计主题，可以与向日葵的色彩完美互动。

餐巾

依照绘画的背景色，选用了绿松石色的餐巾，成为整体色调的点睛之笔。这是两人用的餐桌，筵席的要素一般来说比较少。因此，将餐巾折成帆船模样,立着放在藤制的餐巾装饰结上，生动活泼，立体感强（折法参见P105）。

“将向日葵设计成绘画中的外观，享受简约休闲的亲密时光”

Flower

向日葵

餐桌摆花只有向日葵。用两种不同种类的向日葵，体现颜色和形态的变化美感。插花形式为简约的自由式插花，不过需要做到中央高两边低，跟绘画上的别无二致。花器也跟绘画一样，选用沿口为橘红色的素烧陶器。

【Flower & Green】
向日葵（Vincent Tangerine，Sunrich Fresh Orange）

Food

蔬菜沙拉

在蔬菜沙拉里撒些玉米粒，并且玻璃碗的花纹与向日葵的颜色一致。这些用在细微之处的主题黄色体现了和谐统一。

Color

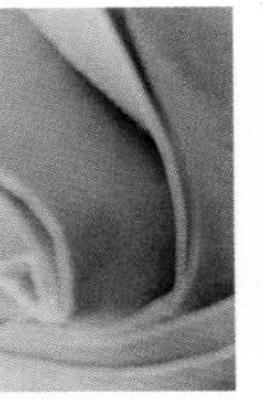

黄色×绿松石色×褐色

这种配色是原封不动地表现绘画的形象。餐桌上摆放的向日葵花朵是黄色的，而台布和餐巾的颜色是绘画中插在花瓶里的向日葵的背景色，即黄色和绿松石色。将寓意木头的褐色用作收缩色，表现梵高生活的法国南部的风情。在选择花器和餐具的时候，不仅是颜色，其质感也得与绘画一致，这样就能更加鲜明地表现出绘画的意境。

8__August

欣赏室内绿植

营造热带草原萨瓦纳的意象

夏天有些花卉很难开花。因此用那些耐暑性强的、基本上不需要水和土也能存活的空气凤梨和多肉植物来装饰餐桌，也是很好的创意。此款筵席的设计场景为非洲萨瓦纳地区的干燥沙漠的风景，度假的游客全身包裹在非洲式样的狩猎装里，如行走在旅途。餐桌的米色台布让人想到炎热的沙漠，上面摆放几种外形有趣的植物，人们可以尽情欣赏它们那丰富多彩的姿态。

Thema Color

Beige × Green × Black

米色 × 绿色 × 黑色

Inspiration Process

餐桌摆花选用耐暑性强的多肉植物和空气凤梨。

▼

由干枯的植物联想到沙漠，即非洲萨瓦纳地区，将它作为主题进行筵席布置。

▼

用米色台布表现沙漠。植物的色彩范围广，从偏白色的到浓绿色的，应有尽有，让人们欣赏多彩的颜色和丰富的种类。

▼

餐具和花器选用黑色的，显得身价不菲，演绎出倾情款待客人的氛围。

Table Item

台布

台布是筵席布置的背景，这里选用的是上面印有木头纹路的台布，勾画自然野性的氛围。比起不用台布直接将物品摆在木质餐桌上，这样显得更为干涸缺水，吻合主题。

餐巾装饰结和刀叉

将黑色和茶色的皮绳当成餐巾装饰结使用，用稍微显得野性粗犷的皮绳来突出主题，再夹上黄栌，显得娇嫩水灵。刀叉也选用那些感觉比较坚硬的物品。

餐具

餐具和花器选用黑色玻璃材质的，这样，虽然整体为休闲风格，但是多了几分高级奢华之感。玻璃杯的颜色为带着茶色的黑色，这种颜色与台布和植物的野性氛围很般配。牌子是“菅原”，它的条纹花样极其时尚。餐碟也是“菅原”家的，颜色与玻璃杯保持一致。

“用浅淡的色彩营造沙漠的意象，表现植物的鲜明个性”

Flower

霸王和松萝凤梨

霸王和松萝凤梨不借助水土也能存活，利用这个特性自由进行配置，可以让它们从高高的花器上垂落下来，也可以把它们摆在玻璃花器或者木质花器里，高低不等，错落有致，使之富有变化的美感。如果只有这些耐旱的植物，水分不多，整个筵席就显得很单调冷清，因此在餐巾上夹一些黄栌，增添几分新鲜水灵之意。

【Flower & Green】霸王、松萝凤梨、黄栌

Color

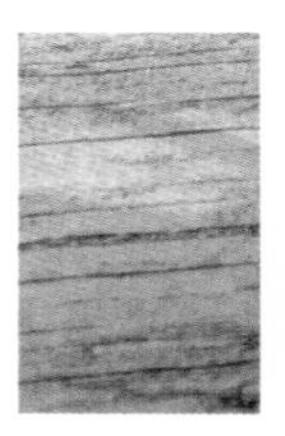

米色×绿色×黑色

以象征沙漠的米色为基调，整体配色浅淡节制。米色用台布来表现，并以之为背景。上面摆放的植物寓意在沙漠中生长的植物，从偏白色的绿植过渡到浓绿色的植物，显得绿色浓淡不一，层次分明。如果仅有这些的话，未免过于野性不羁，因此，用黑色作为添色，营造大都市的印象，体现盛情待客之意。

Column_1

常用的基本餐桌用品

餐碟

基本选用白色、黑色和透明玻璃制品，这样不仅易于和其他的餐桌用品搭配，而且也能很好衬托菜肴。需要配齐设计风格不一的物品，大部分是直径为27~28cm的正餐用餐碟。如果选用有花纹的餐碟，单色的话，就不容易与花卉的颜色相冲突，适用的场合比较广泛。玻璃质地的餐碟让餐桌显得轻松和欢快。宽沿深口碟能够为餐桌营造立体感，里面也可以盛满水，放上欢迎用花，当成花器使用。

玻璃杯

红酒杯和香槟杯的杯柱纤美细长，可以为餐桌营造挑高感，是我爱用的餐桌物品。杯柱的设计风格也是影响筵席形象的重要因素。比如说杯柱里嵌有水晶的话，在光线的反射下熠熠生辉，演绎华贵美丽之情。它们也可以当成花器使用，不过那样的话，使用后一定要清洗干净。平底筒形玻璃杯不仅有基本的简约款，也有设计精美的款，放在一起的话，别有乐趣。在挑选时需要注意是否便于举握。

刀叉

基本上都是方便使用的造型简单的银色刀叉，它们与任何餐碟都能完美搭配。在此推荐可以用餐具清洗机清洗的不锈钢制品，从古典造型到流行设计应有尽有，我将它们视若珍宝。此外，也有手柄的设计风格和质感与银色不同的黑色和白色刀叉。手柄为黑色的刀叉还能够起到收敛筵席色调的功效。照片中，透明手柄的那种款式是意大利的刀叉生产商“EME”的制品，带着适度的装饰性，与任何颜色都是百搭，可以作为普通餐具使用，也可以用于纪念日的筵席，适用范围很广。

餐具、玻璃杯、刀叉和台布等构成筵席布置的基本用品，全部都是简约款的，不管什么场合都很适用。如果以色彩为主题的话，餐桌用品的种类齐全，很容易搭配主题颜色。

台布

台布是筵席布置的背景，最好配备几块质地和颜色不同、用起来很方便的灰色或褐色台布。法国的家纺老牌子“Alexandre Turpault”有种台布上面绣有刺绣，仅仅一块台布就充分演绎出高级华贵之情，我很喜欢用。蝉翼纱、缎纹、麻和天鹅绒等，台布的材质不同，筵席的氛围也大相径庭，这也是使用台布的乐趣之所在。如果将绣有花纹的蝉翼纱质地的台布铺到各种颜色的台布上面，色调会发生变化，充满乐趣。

花器

花器的不二之选是透明的玻璃制品，需要配备能映衬花卉色彩的黑色、白色和灰色花器。方形和圆柱形是基本款，我按照不同的尺寸配全，经常将它们摆放在餐桌的不同位置，能起到良好的装饰效果。此外，如果还配有一些设计风格别致有趣的花器，就会让筵席增辉不少。有些试管型花器的接续部可以自由活动，里面插上花之后也能改变形状，容易设计花卉造型。带有装饰图案的花器和形状独特、个性鲜明的花器，都得是透明的，色彩选用黑色和白色。如果配齐了的话，无论花卉的颜色和形态如何，都是适用的。

彩带和彩纸

我经常从材料店和大型文具店买来用于包装的彩纸来代替台布使用。尤其是和纸和有着和纸质感的物品，在筵席的布置风格为日式风情时可以勾画出岛国情调，因此是我的心爱之物。它们还有个好处就是弄脏后再换一张即可，很方便；当成长条桌带使用，也是效果卓然。彩带可以作为餐巾装饰结卷在餐巾上，或者作为手工制作的餐桌用品的原材料。彩带最好用质地为锦缎的，它的美丽光泽在筵席上也是光彩夺目。灰色和紫色是百搭的颜色，我常备有几卷宽窄不一的锦带。

9 _September

庆祝重阳节

九月初九是重阳节，恰逢“延寿客”菊花盛开，也被称为菊花节。早在古代，就是踏秋赏菊、祈愿不老长生的节日。此款筵席用以款待女性长辈，共同庆祝其健康长寿。

Thema Color

Red × Orange × Green × Brown

红色 × 橘色 × 绿色 × 褐色

重阳节是日本五大节日之一，在奈良时代和平安时代宫中会设有赏菊筵。此款筵席是将菊花的高贵形象和女性长辈的形象叠合起来，在华贵端庄之中体现出上等格调和雅致沉稳之感。台布选用茶色的，菊花和桌上器皿以深红色和橘色为主，进行布置。在日式风情之中，又特意选用西式餐具，勾画跨界韵味。将菊花酒作为餐前酒，来祝福长寿安康。

Inspiration Process

筵席以重阳节为主题，款待女性长辈宾客。

▼

重阳节也被称为菊花节，因此将菊花选为餐桌摆花，表现高贵的形象。

▼

此款筵席重在表现沉稳端庄和华贵美丽之情，在配色上用茶色搭配深红色和橘色。

▼

在日式风情之中，又特意选用西式餐具，勾画跨界韵味。

Table Item

餐具

餐碟的花纹灵感来源于菊花，是法国餐具名牌“Raynaud”的Tresor系列。餐巾如果选用茶色的，就会显得更为沉稳端庄。不过，这里用的是绿色，给人充满朝气活力之感，而且也能映衬装饰在餐桌中央的鲜绿色菊花。刀叉是法国银器品牌“Ercuis”的银色物品，在餐桌上显得尊贵奢华。也放置有朱漆筷箸，方便年长者使用。

Food

菊花酒

重阳节的一大乐趣就是品尝以食用菊为原材料制作的跟菊花有渊源的餐品。菊花酒就是其代表。在酒盏里放入食用菊，再倒入山形县产的汽酒，作为餐前酒待客。酒盏的颜色为主题色彩的红色，不仅契合祝贺筵席的氛围，而且显得华美无双。

“筵席布置契合菊花的高贵形象，在华美之中带有雅致沉稳之意”

Flower

菊花

所有摆花全部为菊花，契合菊花节这个主题。大手笔奢侈地用了不胜枚举的菊花，它们种类多样，颜色各异，形态不同，大家可以尽情观赏。大朵菊花给人以豪华高雅的印象，把这些花朵放在品位脱俗的金属质地花器里，摆放在餐桌中央，花朵显得光彩夺目。而可爱的乒乓菊满满地摆放在与餐碟同为“Raynaud”的Tresor系列的高脚果盘里，将不同菊花的鲜明个性完美烘托出来。

【**Flower & Green**】菊花（Genny Orange, Feeling Green, Pantheon, Anastasia）、槭树

Color

红色×橘色×绿色×褐色

年长女性的华贵和秋天伊始的印象，用深红色和橘色来表现。褐色给人沉稳高格调的印象，因此台布选用这种颜色。这个时候残暑未消，因此将绿色用作添色，体现季节感，这是重点。在颜色选择上，虽然都是暖色，但是如果选用色彩明艳亮丽的颜色，秋之雅韵和沉稳之意就会消失殆尽，这点需要注意。

9 _September

用爱马仕的品牌颜色来装饰筵席

惬意品尝红酒的立式冷餐会

法国的奢侈品品牌“爱马仕”的物品款式繁多，色彩缤纷，优雅至极。此款筵席来源于它的官方色板，在筵席上描绘初秋的风景。这是立式餐会，大家可以随意取用红酒和什锦冷盘。

Thema Color

Orange × Chartreuse Green × Brown

橘色 × 绿色 × 褐色

刚踏入秋天，红酒喝起来更为醇美。我想将筵席布置为这个季节特有的风景，脑海里浮现的是爱马仕的品牌色。它优雅精致，奢华无双。我的爱马仕拎包和绿色、褐色的笔记本封皮，还有橘色化妆箱，颜色都很雅致，将这些颜色用在筵席里，就像是树叶的颜色从绿色过渡到红色，展现叶子一点点染上秋意，最终“层林尽染”的意境。插在高瓶里的欧洲山毛榉的颜色为深重的橘红色，传达秋天的气息。这是立式参会，因此把它们摆在最内侧。

这些都是我爱用的各种爱马仕的物品，是此款筵席配色的灵感源泉。

Inspiration Process

树叶的颜色一点点染上秋意。此款筵席以这种季节的风景为主题。

▼

布置筵席时以爱马仕的官方色板为灵感源泉。

▼

以各种永生花为主体，它们的颜色与化妆箱的橘色相一致，绿色是笔记本封皮的颜色，以花卉和餐巾来展现，将褐色作为添色。

▼

菜品和甜点的颜色也是主题色彩。

Table Item

宿根草

将加工成永生花的宿根草装在透明盒里，像艺术品一样摆饰在桌上。可以在一些叶子背面标上“中奖”的记号，然后让大家抽奖，抽中的客人就送一瓶葡萄酒等，弄一些娱乐小道具也是挺有趣味的。

餐巾装饰结

将在手工艺店购买的带状人造皮草剪裁好，用纱线缝制成筒状，当成装饰结使用。休闲款式的餐巾纸契合秋韵，也体现出郑重待客的诚意。

Food

餐碟全部是作为添色的褐色，如果菜品选用的食材以橘色和绿色为主，就会更鲜明地突出主题性。把它们放在丙烯基材质的盒子或小隔架的上面，摆在餐桌上，做出高低差。

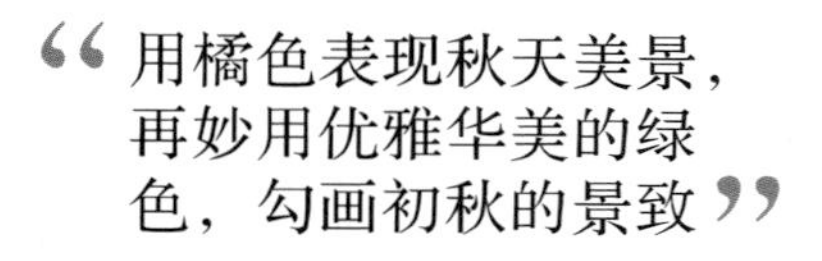

“用橘色表现秋天美景，再妙用优雅华美的绿色，勾画初秋的景致”

Flower

欧洲山毛榉和鸡冠花等

以制成永生花的欧洲山毛榉为主，演绎秋韵。考虑到这是立式餐会，因此把这些长长的树枝插在颀长的花瓶里，把它们布置成背景，营造强烈视觉效果。现在的时节，还有几分未消的暑热，因此花瓶选用玻璃质地的，这样不会显得厚重。鲜花选用了马蹄莲和鸡冠花。马蹄莲的色彩层次从绿色过渡到橘色，恰好契合这个季节。选择鸡冠花则是因为它的有趣质感。考虑到要将鸡冠花当成视线的焦点所在，因此在餐桌中央的花器里满满插上几朵鸡冠花，再分别将一朵朵鸡冠花单独插在花瓶里，摆在桌子内侧。

【Flower & Green】鸡冠花、马蹄莲“莫扎特”（以上为鲜花），欧洲山毛榉、宿根草、菱叶常春藤、兔尾草（以上为永生花）

Color

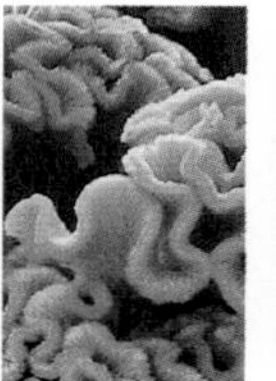

橘色 × 荨麻酒色 × 褐色

这些表现秋景的配色是从我用的爱马仕的物品里得到的灵感。化妆箱的橘色用做成永生花的植物和鲜花马蹄莲体现。带着浅黄色的绿色被称为荨麻酒色，名字来源于混有药草和香料的利口酒的颜色，它的灵感来源于笔记本封皮的颜色。鸡冠花和餐巾就是这种颜色。有黑色刺绣图案的土黄色台布可以很好地衬托出上面摆着的物品的颜色，它的颜色灵感源于我的手提包的颜色。

10_October

走成熟风的万圣节派对

10月31日的万圣节，如今在日本也是家喻户晓的节日了。这个节日的本意是对丰收的感谢，同时也有驱魔的意味。在这天大家会装扮成妖怪、魔女和吸血鬼等。此款筵席就是从这里发散思维，将餐桌布置成暗黑深夜的墓地的场景。没有使用常规的黑色和橘色的配色，也没有将南瓜作为主题，而是以黑色和灰色为基调，将深红色当成亮点，充分体现大人的游戏心态。既要表现出“有点儿吓人”，又不能落于俗套，而要显得高雅有品位。

Thema Color

Black × Grey × Red

黑色 × 灰色 × 红色

Inspiration Process

这是只有大人聚会的万圣节派对，因此要显得高雅，不能显得孩子气。

▼

从变装这点进行发散思维，将餐桌布置成暗黑深夜的墓地的场景。

▼

以黑色和灰色为基调，将联想起“鲜血的颜色”的深红色当成亮点。

▼

用一些小物件体现游戏心态，比如说在蜡烛上缠裹些地衣等。餐具选用设计风格简约的，将“有点儿吓人”的氛围演绎得高雅有品位。

Table Item

蜡烛

蜡烛是万圣节不可或缺的道具，它的用法也是不一而足，建议可以使用不同形状的蜡烛，多些花样。用强力双面胶在古典款式的烛台上粘贴些冰岛地衣，让人联想起长在墓地的苔藓。酒杯里倒入红酒来强调主题色彩，即深红色。不过如果只有红酒的颜色会显得过于沉重，在用红色和蓝色混制而成的彩色水里漂浮一盏浮烛，添加轻松的韵味。

餐碟和姓名卡等

餐碟选用设计风格融古典与时尚于一身的黑色餐具。在餐巾上摆放一朵玫瑰假花，这样就会给锐利冷硬的餐碟添加几分优雅柔和之意。姓名卡是将长方形纸张对折后用剪刀将四角剪成棺材的形状，用油性笔画上十字架，渲染万圣节氛围。

“不用常规的创作主题，而是用优雅的风格表现主旨”

Flower

大丽菊等

餐桌正中央的摆花是两种深红色的大丽菊，这种花的存在感极强，将它的色彩用作点睛之笔，可以深化色彩的印象。虽然同为深红色，但是色彩有微妙的浓淡之别，体现出层次感，富有变化。被制成永生花的冰岛地衣，用来更好地表现蜡烛的效果。

【Flower & Green】大丽菊（鲜花），冰岛地衣、大叶梅（以上为永生花）

Color

黑色×灰色×红色

这天大家会变装扮成妖怪和吸血鬼，从这里发散思维，用这些配色营造暗黑深夜的墓地的意境。灰色作为基调，用台布的颜色来体现，黑色由餐具、花器和蜡烛来体现。而与之搭配的红色选用的是色彩深沉的物品。红色不仅体现在餐桌正中央的摆花上，而且餐巾也是这种颜色，它们作为整体色调的点睛之笔，散布在餐桌各处，人们的眼睛可以不用紧盯着花卉看，整个筵席显得和谐统一。

10_October

孩子们的餐会

属于孩子们的万圣节

此款餐会布置洋溢着欢快的气息，孩子们看了，一定会“哇”的一声欢叫出来。它以万圣节为主题，在品位上迎合十几岁女孩子的爱好，布置成这种氛围。

Thema Color

Orange × Red × Yellow

橘色×红色×黄色

这次餐会的主角是性格活泼的女孩子，都是小学高年级生或者初中生。她们正处在想证明自己已经长大的年龄，因此餐会布置不能过于孩子气。万圣节的主题色彩是橘色，再配搭上红色和黄色，这些活力朝气的配色也描绘了秋天的美景。在这款餐会布置上将万圣节的另一主题色黑色作为添色使用，这样整个氛围就带上了一抹成熟韵味。可以准备些让孩子们带回家的糖果和花卉，她们一定会很高兴的。

Inspiration Process

此款餐会是为十二三岁的女孩子准备的。

▼

餐会布置风格为朝气蓬勃的波普风格，又不会过于孩子气。

▼

以万圣节的主题色彩橘色，配搭上红色和黄色来描绘秋天的美景。用黑色作为添色添加成熟风韵。

▼

在花卉造型和糖果供应上费心考虑，准备一些能够让孩子带回家的物品。

Table Item

盒子

说起盛放糖果和巧克力的盒子，可以在买来的盒子外面用双面胶贴上色彩为主题色彩的彩带，就做成万圣节专用的盒子了。将它们盖上盖子摆放在餐桌上，打开一看，就会惊喜地发现里面是糖果。在餐会结束后，可以在里面放上小南瓜作为礼物送给孩子们。

纸制蜂窝球

很有人气的蜂窝球是一种用彩纸制作的球，外表形似蜂巢，常作为装饰品用在国外的婚礼上和小孩子的房间。将它们垂吊在天花板上，整个房间一下子就变得明亮热闹。同时，它能够为餐桌增加挑高感，在描画空间上效果显著。

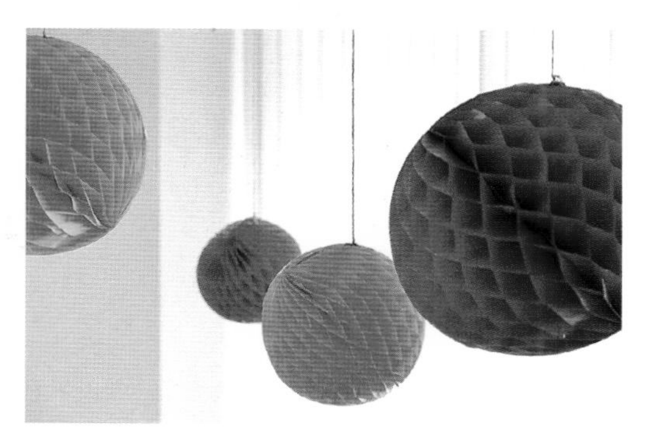

“用万圣节的主题色彩搭配上红色和黄色，不仅体现季节感，而且孩子们会非常喜欢”

台布和餐具

台布选用了色彩度较低的黄色，这样能够完美衬托出花卉的色彩。材质是防水性纸张，有食物和饮料洒溅在上面也能迅速擦干净。这是孩子们的餐会，需要在这些细节上费心。杯子和餐碟也都是纸制的，收拾起来很方便。它们的设计风格为波普风，而颜色均与主题色彩保持一致。

Flower

大丁草花

花卉只有大丁草花一种，契合休闲风格的餐会。这种花的颜色呈波普风，而花形为可爱的圆形，孩子们也都很喜欢。在配置时让纤长的花茎也沐浴在人们的视线下，为餐桌添加轻松感和律动美，这些高低不等的花卉也使餐桌氛围更为欢快愉悦。将它们插在花器里，分别摆在餐桌上。如果按参加餐会的人数来配置花器数量的话，餐会后可以将它们作为礼物送给孩子们带走。而随意摆放的小南瓜渲染了万圣节的气息。

【Flower & Green】大丁草花、小南瓜

Color

橘色×红色×黄色

用万圣节的主题色彩橘色搭配上红色和黄色，这种朝气蓬勃的印象就是活泼爱动的女孩子的最好写照。同时这种配色也体现出“层林尽染”的秋韵，能够感受到季节的流转。在这里将万圣节的另一主题色黑色作为添色使用，多了几分成熟风韵，又收敛了整体色调。色彩用装糖果的点心盒来体现。

11 _November

将红酒作为主角

营造收获节的意象

博若莱新酒的解禁日在11月。这个季节也快到了社交派对季，大家都想惬意地品尝红酒。此款筵席布置想体现在法国农村的酿酒厂举行的收获节的意境。这里举行的收获节氛围犹如家庭般舒适温馨。

Thema Color

Purple × Pink × Green

紫色 × 粉红色 × 绿色

此款筵席旨在新酒酿成的季节畅饮葡萄酒，因此以在法国葡萄酒产地举行的收获节为主题，演绎丰收的喜悦。我们仿佛看到在乡下的小村落有一个被传统的自然风光环抱的酿酒厂，这里正在举行家庭般氛围的餐会。餐桌的装饰基调为寓意葡萄的紫色和粉红色，奢侈使用了多如繁星的玫瑰，洋溢华贵气息。连流苏和餐单在内，整体氛围为稍带些古典韵味的温馨家常味道。

Inspiration Process

筵席的宗旨是在深秋享用葡萄酒。

▼

恰逢新酒酿熟的季节，此时，在被法国的自然风光环抱的历史悠久的酿酒厂里，照例举行收获节庆典。故筵席布置就以此为意象。

▼

以寓意葡萄颜色的紫色以及粉红色为主题色彩。

▼

花卉的造型和小物件的风格全部为古典乡村风，再用玻璃质地的餐具添加轻快感。

Table Item

餐具和餐单

手工制作的餐单和花器上的地衣的颜色接近，是用绿色彩纸制成的，成为筵席整体的点睛之笔（做法参见P96）。纸上的花纹图案和系在背脊的流苏有着强烈的古典韵味。不过如果所有的餐具都是这种风格的话，又显得过于凝重了。因此，餐具选用透明的玻璃质地，设计风格带有时尚气息。在“萱原”家的水珠花纹的餐盘和玻璃碗里摆放上葡萄，可以当成展示盘来用。右图准备的同样是“萱原”家的玻璃杯，上面的花纹是仿造葡萄晾干房设计的，以此来强调主题性。

Food

葡萄

葡萄在筵席上是作为甜点使用的，也可以作为演绎收获季的重要道具来装饰餐桌。把它放在玻璃质地的高脚果盘和点心台上，比其他摆设高出一截，成为整个筵席的点睛之笔。

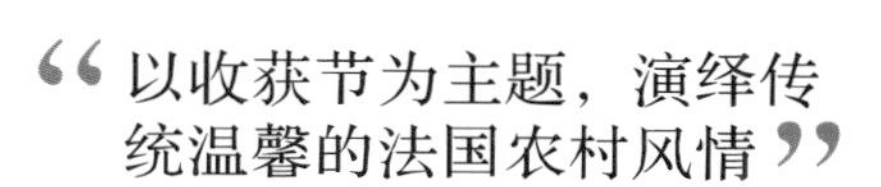

“以收获节为主题，演绎传统温馨的法国农村风情”

Flower

玫瑰

餐桌正中央的摆花以玫瑰为主，将它们满满地插在表面覆着地衣的花器上面。地衣的模样让人感觉像是看到了法国农村那古旧的院落里被茂密的绿植覆盖的石墙。把玫瑰分别插在大小不一的花器里并排摆在餐桌上，富有变化，极尽豪华。餐桌上撒落一些玫瑰花瓣，那种古典的韵味就更为强烈，也显得这个庆祝宴的氛围更为华贵喜庆。

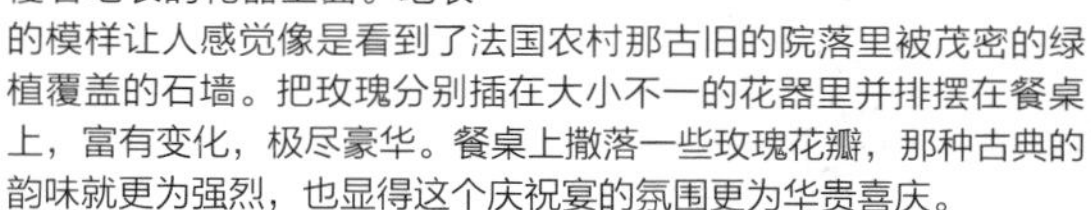

【 Flower & Green 】
玫瑰、地中海荚迷、龙血树

Color

紫色×粉红色×绿色

配色选用寓意葡萄的紫色搭配上色彩浓丽的偏紫色的粉红色，显得华美优雅。台布选用深紫色，铺陈沉稳的氛围。在整个筵席上加大紫色的比重，筵席就洋溢着在有年头的酿酒厂举行的丰收节所特有的韵味，给人华贵热闹又不失古典优雅的印象。餐单和地衣的盈盈绿意有着点睛之妙。

11 _November

晚秋的收获庆典

以狩猎的场景为意象

到了11月，冬天的脚步已近在咫尺。“无边落木萧萧下”，自然界的风景给人一种干枯萧瑟的印象。此款筵席就是表现这样的景致。这个时候在野山的狩猎被解禁了，因此以“在秋天的森林里恣意狩猎并愉快用餐”为主题进行筵席布置。餐桌摆花只选用干燥素材的叶子、草和果实，再搭配上体现野生动物皮毛的色彩和小物品，整个餐桌的氛围像是欧美乡村酒吧的吧台。再摆上肉菜和红酒，人们仿佛是在享用收获的猎物做成的晚餐。

Thema Color

Beige × Brown × Orange

米黄色 × 褐色 × 橘色

Inspiration Process

在餐桌上体现晚秋时节草木枯萎凋敝的景致。

▼

灵感来源于狩猎的季节。筵席布置的意象是愉悦地享用以猎物做成的晚餐。

▼

用干花铺陈草木凋敝的森林的景色。以米黄色为背景，将橘色作为添色，增加新鲜之感和华贵之意。

▼

选用上档次的餐具，颜色与主题色彩相吻合。这样，筵席就不会显得太过粗犷乡村风，而是给人考究洒脱的印象。

Table Item

蜡烛

暮秋时节，蜡烛的柔和光晕有着十足的魅力。左边枫叶造型的蜡烛是橘色的，不仅为干枯萧瑟韵味的餐桌添加了几分华美，还多了新鲜之意。右面的烛台造型像是动物的犄角，完美契合筵席主题。

餐碟和台布等

一套两个的餐碟都是法国的老牌子“Ray-naud”制品。颜色是收缩色的深褐色，并且餐碟的花纹很像是树枝，与筵席装饰的色彩以及筵席主题完美联动。餐巾装饰结使用的是羽毛，喻示猎到的野物。将人造毛皮织成的布用作台布，使人联想到野生动物的皮毛。米黄色、灰色和褐色等在不同的光线下，颜色会发生微妙的变化，最适用于营造自然原生态印象的餐桌。

“用干燥素材来铺陈万物凋敝的晚秋意境，人们在这种氛围里尽情享受红酒和猎物大餐”

Flower

干花

干花用来待客的话，有种过于质朴的印象。不过如果将不同的种类组合起来，它们的颜色和形状多种多样，并且高低不同，错落有致，这样就显得华贵优雅。如果在这个筵席上加入鲜花，就会显得格格不入，因此全部用干花。餐桌中央摆设着一些干燥素材，就像是树木的果实落在了地上。肉桂不仅颜色契合主题，而且外形有趣，看到它，人们似乎能闻到隐约的香气，为餐桌带来几分新鲜感。桌上也装饰有一些羽毛，表现在森林里生活的野生动物。

【Flower & Green】干花（蒲苇、蓝桉、麦、木百合、玉米、柑橘、松果、肉桂），大叶梅（永生花）

Color

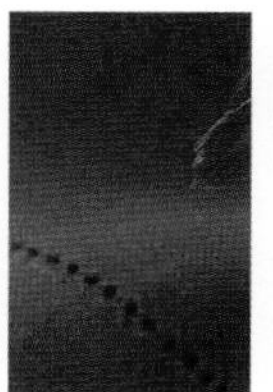

米黄色×褐色×橘色

餐桌上摆放的物品以干燥加工过的叶子、草和果实为主，这样的配色与这些干燥植物的色彩完美搭配。作为背景的桌布如果选用深色的就会显得黯淡沉郁，因此选用了米黄色的。餐具和餐巾选用茶色的，铺陈优雅沉稳的氛围。只有这些的话未免显得过于干枯萧瑟，因此用橘色的蜡烛和奶酪作为添色，营造盛情待客的筵席特有的华美之意。

champenois

12_December

单一色调的圣诞节

朱顶兰有着纤长优雅的茎，顶端开着的华美花朵与百合花相似，是一种非常适合装饰圣诞节的花卉。此款筵席用单一色调勾画出冬天的景色，意在烘托朱顶兰的美丽华贵。

Thema Color

Grey × White × Silver

灰色 × 白色 × 银色

此款筵席布置以灰色为主色调，搭配上银色，这样能够映衬朱顶兰的唯美白色。台布选用深灰色的，它细腻高雅，富有光泽，边上绣着褶边，很适合这种华美的宴会。颜色是灰色的，不会显得过于甜腻。就这一张台布，已经完美铺陈出异于日常生活的华贵氛围。餐具也选用同样质感的物品，这样就更能衬托出花卉的娇媚色彩。在插花时需要修剪花卉的长度，使宾客坐着用餐时的视线为最佳赏花角度。

Inspiration Process

在圣诞节装饰用花中选择朱顶兰作为主角。

▼

布置时以灰色为基调，这样能够很好映衬纯美的白色花卉。而银色给人大都会的时尚之感，故将它作为点睛之笔。

▼

将细腻优雅的灰色台布作为背景，餐具也选用同样格调的物品，完美统一。小饰品选用银色的物品。

▼

花卉的高度以宾客就座的视线为准进行配置，而颀长的烛台让人感到放松舒适。

Table Item

餐具和餐巾

餐巾和台布都是意大利的家纺名牌"Borgo Delle Tovglie"的制品。将餐巾细心地折叠好，竖立放置，这样不仅能够欣赏美丽的褶边，而且折花的外形跟朱顶兰有几分相似。餐碟选用的是跟台布有着同样细腻光泽的物品，整体统一和谐。

蜡烛

放置有茶蜡的烛台，轻松地为餐桌营造出挑高感。细长的杯柱极其优雅美丽，把它们摆成一排，不仅有着浓郁的时尚都会气息，也让人感到轻松舒适。烛台的特殊之处在于上部为白色玻璃，这样，蜡烛散发出的光芒显得温馨柔和。

小饰品

不需要装饰圣诞树，这些小饰品就能充分演绎出圣诞节的氛围。在餐桌上随处摆放一些透明的银色小饰品，它们熠熠生辉，为单色调的餐桌平添几分华美韵味。

"营造都会中的自然形象，打造都市自然风"

Flower

朱顶兰

将花茎剪短插进花器里，这样大家坐着用餐时，就恰好能从最佳角度欣赏美丽的花卉。插花的花器外面裹着白桦树皮，这样就能够感受到冬季的自然风景。在配置蓝桉果的时候，需要将它摆放在不能遮蔽住视线的位置，为餐桌营造挑高感。果实的颜色为干白色，与主题色重合。

【**Flower & Green**】朱顶兰、蓝桉果

Color

灰色×白色×银色

在布置筵席时优先考虑的是如何完美映衬纯白唯美的朱顶兰，因此选用了这些配色来勾绘冬之意境。一般来讲，将灰色用在宴会上会有过于素净之感。不过，如果跟此款筵席一样，选用光泽细腻的台布，就会显得华贵优雅。小饰品都是银色的。再将餐巾摆放在合适的位置，与摆在餐桌中央的朱顶兰的颜色相互映衬，光彩照人。

12_December

光辉璀璨的圣诞节

用小饰品精心装扮

此款筵席没有选用红色和绿色等常规的圣诞节色彩，也没有摆设冷杉树等常规的物品，而是用小饰品来精心勾画圣诞节。粉色和蓝色的组合很容易显得过于可爱，而这里精心挑选的小饰品有着绝妙的色彩，而且素材感各有不同，将它们摆放在一起，就会给人时尚成熟之感。也可以将小饰品挂在结香上，或者随意滚放在餐桌上。不过这里是将它们全部装在透明的容器里，看起来像是美丽的艺术品。

Thema Color

Pink × Blue × Purple

粉色 × 蓝色 × 紫色

  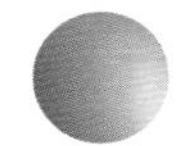

Inspiration Process

利用小饰品完美装扮圣诞节筵席。

▼

将不同颜色、不同质地的粉色和蓝色的小饰品组合在一起，用紫色完美过渡，铺陈成熟氛围。

▼

花卉选择白玫瑰，可以与小饰品的颜色相互映衬。将它们摆放在四方形的玻璃花器里，与小饰品的意象完美联动。

Table Item

小饰品

将它们分别装入大小不同的方形透明盒子或玻璃容器里，整体为圆形与四方形的重复对比，雅致有趣，像是艺术品。小饰品的素材感各不相同，有些光泽明亮，有些毫无光泽，有些是透明质地的，将它们组合在一起，蕴含丰富变化。

餐巾和餐单

统一为主题色彩。如果选用粉色餐巾也是非常搭调的，不过蓝色餐巾显得沉稳端庄。手工制作的餐单的表面是有着黑色天鹅绒纹样的纸张，给人豪华内敛的印象。台布和餐碟选用黑色作为收敛色。

蜡烛

蜡烛也和小饰品一样，放在玻璃质地的透明盒子里来装饰餐桌。摇曳的烛光倒映在玻璃上，温馨迷离，人们像是进入了梦幻的国度。

“将素材感迥异的小饰品组合在一起，体现色彩的变化”

Flower

玫瑰

餐桌正中央的摆花只有玫瑰，用大量的玫瑰铺陈奢华韵味。将它们摆放在方形的玻璃花器里，从四面都能尽情欣赏花卉的华美之姿，并且与小饰品的印象完美和谐。用主题色的粉红明胶来保持水分。在设计造型时，需要做到在强调玫瑰的存在感的同时，也能与小饰品相互映衬，完美搭调。而结香需要摆放在不能遮蔽住视线的地方，为餐桌增加挑高感。

【Flower & Green】玫瑰、结香

Color

粉色×蓝色×紫色

粉色和蓝色的小饰物的颜色显得非常漂亮，以此得到灵感，选用这样的配色。这两种颜色配在一起，会有种过于甜美可爱的印象，因此选用泛着蓝色的粉色，将这两种色彩度高的颜色搭配在一起，再夹杂着紫色作为中间色，整体色调得到统一，显得时尚漂亮。用质量上等的小饰品的素材感和光泽感来营造成熟的印象。

1 _January

和闺蜜们一起庆祝新年

新年伊始，亲密的女性朋友们聚在一起举行餐会庆祝新年。此款筵席用喜庆明媚的红白色配搭上黑色，在隆重正式的日式风情中又流露着女性的婉约柔美。在黑色台布上再铺上几块红色小台布，小台布的设计风格巧妙，连接处用带子系着。黑红对比鲜明，而且显得高雅时尚。花卉选用蝴蝶兰和兰花，再用寓意吉祥兆头的红色果实来晕染东瀛风韵。

Thema Color

Red × White × Black

红色 × 白色 × 黑色

Inspiration Process

亲密的女性朋友们聚在一起举办新年餐会。

▼

布置日式风情的筵席，在隆重正式中又流露着女性的婉约柔美。

▼

在红、白色中将黑色作为添色使用，布置时尚的筵席氛围。用系有彩带的台布来勾勒女性的柔美。

▼

花卉选用新年的代表花卉搭配上粉色的兰花，柔美高雅。餐具选用白色陶器，其颜色近似凝脂。上面绘有红色的菊花，更添华美韵味。

Table Item

餐巾

餐巾折花也是极其契合这样的喜庆筵席的。选用白麻质地的餐巾，与蝴蝶兰巧妙联动。将餐巾折成古典华美的扇形。（折法参见P106）

“在隆重正式的氛围中添加时尚和女性的韵味”

餐具

摆在黑色案几上面的餐碟和餐具都是“美命mikoto”的制品。这款系列是在近似凝脂色的白色陶器上绘制菊花图案，完美契合庆祝新年的主旨。餐具的图案也是日本韵味的，选用的是色彩单一、造型雅致的物品，用起来很方便。方形大餐盘还有一个优点，就是方便取用需要分盛的菜肴。涂漆的酒杯也统一为红色的。

Flower

蝴蝶兰和兰花

将蝴蝶兰装在黑色玻璃花瓶里，摆在餐桌正中央，营造出与新春相吻合的凛冽的空气感。如果只有蝴蝶兰的话，稍微有点儿凝重，因此在两侧装饰着淡粉色的兰花，添加几分女性柔美之情。装兰花的花器是在玻璃质地的花瓶外面用双面胶贴上木贼制成的。再摆设一些寓意吉祥兆头的红色果实和南蛇藤，强调日式风情。

【Flower & Green】蝴蝶兰、兰花、南蛇藤、木贼

Color

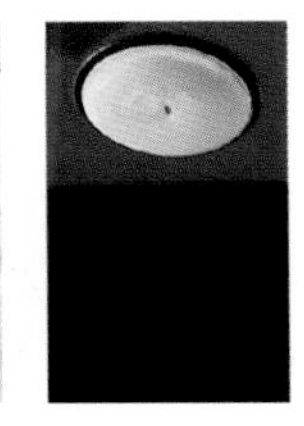

红色×白色×黑色

新年总是让人感到喜庆明媚，因此将红、白色作为基本配色。再搭配上作为添色的黑色，强调传统日本新年的隆重正式之意。如果黑色的比重过大，就会削弱女性特有的柔美婉约韵味，因此基调的颜色必须是红、白色的。红色用面积广大的台布来体现，而白色则是用花卉、餐具和餐巾来体现。

1 __January

夫妇二人共度新年

大家用不同形式的筵席庆祝新年。此款筵席布置就是夫妇二人舒适惬意地坐在家里的开放性厨房吧台上庆祝新年的到来。在黑色和红色的底色上加上银色，在休闲氛围中流露出契合新年韵味的高格调，铺陈出时尚感强烈的日式风情。考虑到两个人是挨着坐在一起的，因此将原木质地的木台摆成“く”形，并且体现出高低层次，这样并排坐的两人可以尽情欣赏桌上的摆设。桌上摆花选用了长在院子墙角下的山茶花，娇艳绚美的花朵非常符合温馨用餐的场景。

Thema Color

Black × Red × Silver

黑色 × 红色 × 银色

Inspiration Process

夫妻二人温馨共度新年。

▼

将家里的开放式厨房吧台布置为休闲风格，同时体现出契合新年韵味的格调感。

▼

在新年的标准配色黑色和红色之外加上银色，铺陈时尚感强烈的日式风情。

▼

精心考虑并排坐的两个人的视线范围，将山茶花设计成开在墙角的感觉，并且将山茶花、漆盒里盛放的乒乓菊以及蜡烛这些物件摆成“く”形，并且体现出高低层次。

Table Item

餐具

方形餐具能更好地描绘日式风情。将质感厚重、泛着光泽的黑盒翻过来放置，当成案几使用。因为质地不是漆器，不会给人呆板庄重的印象。而且这样一来，在整体色调中妙用黑色，铺陈厚重感和沉稳感。玻璃质地的餐盘也统一为方形，给人时尚优雅的印象。

蜡烛

将黑色和银色的方形茶灯专用烛台摆成一列，餐桌上就多了几分变化感和韵律美。巧妙利用吧台的横长造型，重复摆上一排同样造型的蜡烛，也是妙趣横生。在乒乓菊旁边也摆一个蜡烛，高低不同，错落有致。虽然这款筵席的空间极其有限，不过精心配置，体现出高低层次感，也会有极好的空间演出效果。

> “有效活用吧台的空间，使挨着坐的两个人能尽情欣赏美景”

Flower

山茶花和乒乓菊

一般只用一朵山茶花作为餐桌摆花，不过这里用山茶花来营造院落墙角的氛围。考虑到观赏的最佳视角，把花卉放在原木质地的台几上，显得高俏。将寓意好兆头的南天竹同样插在方形花器里，放在山茶花的旁边，成双成对。夫妇的正对面摆放的是红色乒乓菊，花卉造型像是放在多层漆盒的菜肴。所有的筵席摆件需要控制在合适的高度，这样便于摆放从厨房里端出来的菜肴。虽然高度被严格控制，不过整个筵席的设计风格充满强烈的视觉美感。

【Flower & Green】山茶花、乒乓菊、南天竹

Color

黑色×红色×银色

如果在新年的经典配色黑色和红色之外，加上金黄色，就会有厚重感。将金黄色换成银白色，这种配色不仅洋溢着浓厚的日式风情，而且勾画出都会的时尚韵味。大理石质地的吧台成为本款筵席的台面，妙用吧台的本色，将有着一定高度的黑色盒子当成案几使用，杯子和烛台也统一为相同的颜色，以便强化黑色的沉稳印象，又能映衬明亮的红色和银白色。

2_February

情人节

宣告春天来访的花卉——银莲花，花语为“真心・真实”，也因此成为最贴切情人节筵席氛围的花卉。此款筵席布置以白色银莲花为主，尽情展现花卉的曼妙身姿。

Thema Color

White × Green × Black

白色 × 绿色 × 黑色

在餐桌的中央摆放上白色的银莲花和百部，这样餐桌摆花就成了经典的绿、白配色。考虑到两个人不是面对面坐着的，而是甜蜜蜜地挨着坐在桌角，就需要精心设计花卉造型，以便情侣能够惬意欣赏美丽的花卉。选用黑色台布，不仅尽情铺陈银莲花的高雅清丽氛围，而且描绘出男士也很中意的沉稳磊落的成熟空间。精心准备的香槟酒瓶上绘着银莲花图案，让我们在摇曳的烛光中举杯畅饮吧。

Inspiration Process

摆饰时令花卉银莲花来庆祝情人节。

▼

以经典的绿、白配色为主色彩，将白色银莲花搭配上绿植。

▼

用台布来体现作为添色使用的黑色，铺陈男性中意的高雅时尚空间。

▼

餐桌用品选用白色餐巾和玻璃质地的餐巾装饰结，与空灵通透、清丽优雅的银莲花的意象巧妙联动。

Table Item

餐单和酒杯等

餐碟选用的是日本餐具品牌“Noritake”的Cliff系列，餐碟的色彩能够很好地映衬绿白经典配色。“菅原”家的玻璃质地餐巾装饰结能够立在餐碟上，不会四处滚动，因此容易设计餐巾的形状。将做过保水处理的银莲花插进餐巾装饰结里（做法参见P99）。餐牌的颜色是金黄色的，与香槟瓶盖封签的颜色绝妙联动。身价不菲的高级香槟最适合这个特别的日子，因此酒杯也是精挑细选的，选用的是施华洛世奇的产品。嵌在杯柱里的人造水晶熠熠生辉，美不胜收。

香槟酒

选用的香槟酒是“Perrier　Jouet”的Belle Epoque，瓶身上绘有银莲花图案，作为情人节礼物最为合适。有了它，不仅筵席多了几分华贵之意，而且能鲜明突出筵席主题。在冷酒器里面也插上一些蕾丝花和百部，显得华贵美丽。

“以纯白唯美的银莲花为主角，营造清新高雅、格调成熟的空间”

Flower

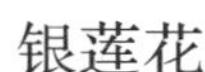

这对情侣不是面对面坐着的，而是依偎在一起的。因此精心设计餐桌摆花的造型，让挨着坐在一起的两个人能够尽情欣赏花卉的曼妙姿态。给昭示春天到来的银莲花搭配上蕾丝花，显得丰盈富足，而向两边横向舒展的百部勾勒出广阔的空间感。花器的设计风格独特，像是将许多试管横着排列在一起。这样一来，即使花卉的数量不多，也能轻松地营造出丰盈富足之感。

【Flower & Green】银莲花、蕾丝花、百部

Color

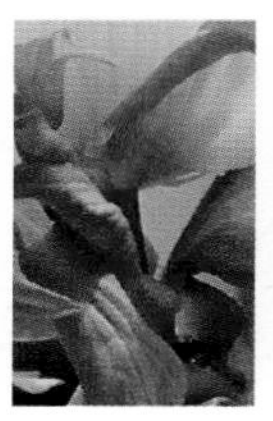

白色×绿色×黑色

以银莲花的唯美白色为主角，再搭配上绿色，将这两种颜色作为主色彩。如果只有它们的话，筵席的印象就是清爽自然风格。因此选用黑色台布作为背景，铺陈清雅神圣又时尚成熟的氛围。男性一般不太热衷过于甜美的色彩，而这种配色就符合男士的审美趋向。餐碟边沿为褐色，显得厚实有光泽，更是增添了沉稳磊落之意。

2_February

乐享
非洲民族风

从装饰空间中获得灵感

酒店私人餐厅的墙壁上挂着的当代艺术品让人印象深刻，我曾在这里招待亲密友人参加餐会。此款筵席的布置灵感来源于装饰空间，让大家尽情欣赏非洲民族风情。

Thema Color

Brown × Red × Green

褐色 × 红色 × 绿色

高挑宽广的空间一直延伸到天花板，而墙上挂着大幅的当代艺术绘画。此款筵席布置巧妙地利用这两个要素，打造独特风格。筵席的色调与绘画和木椅的氛围相和谐，以褐色为基调，以红色和绿色为亮点。用餐空间极富个性，因此需要精心布置筵席。挑选一些带有花色的长条桌带，将它们铺在餐桌上当成台布使用，风格统一成民族风情，让人联想起热情的非洲民族。别出心裁地将原产于非洲的花卉用作餐桌摆花，用金属器皿添加几分锐利之意。

Inspiration Process

在酒店的私人餐厅进行筵席布置。

▼

筵席的布置灵感来源于椅子和挂在墙壁上的绘画。

▼

以褐色为基调，以红色和绿色为亮点。筵席的整体风格为视觉效果强烈的非洲民族风，不逊于个性鲜明的房间装饰。

▼

原产于非洲的花卉和金属质地的餐具都是独具个性，并且与绘画图案的意象绝妙联动，相得益彰。

Table Item

烛台

为了给餐桌营造出惬意放松之感，餐桌用品选用了玻璃质地的烛台。烛台为"ASAHEI"的原创品，其原材料为埃及玻璃，以轻薄纤细的设计风格闻名。蜡烛为黑色，显得内敛雅致。

台布

这里是将两块长条桌带组合在一起使用。这种方法可用于非正式风格的筵席。在铺设桌带时将花色不同的桌带配搭在一起，做出自然褶皱。铺陈民族风情，让人联想起非洲的民族服装。

餐具

如果餐具是陶器的话就会显得沉重，同样道理，如果酒杯是玻璃质地的话又会过于纤细。因此它们都选用金属质地的物品，显得和谐统一。这里选用的是"SUSgallery"的制品。"SUSgallery"这个品牌是由以金属加工闻名天下的新泻县的匠人联手设计师创立的。酒杯和餐碟的质地为真空钛，风格朴素，看起来像是陶制品，别有魅力，它们的色彩和光泽感也非常吻合墙壁上挂着的绘画的意境。黑色刀叉风格简约，优雅时尚。

“由非日常的用餐空间获得灵感，打造视觉效果强烈的民族风情”

Flower

山龙眼和帝王花等

为了契合筵席的主题，以及营造不逊于广阔的用餐空间的强烈视觉效果，特意选用了原产于非洲的花卉。将山龙眼和帝王花毫无章法地插进胖乎乎的鲜红陶器里，风格大胆奔放，更为突出鲜明的个性。将风船唐绵和邦克西木花插进图案像斑马条纹的花器里，它们搭配在一起，尽显游乐心态。选择风船唐绵，是因为它的外形与绘画的水滴图案极为相似，巧妙互动。

【**Flower & Green**】山龙眼、帝王花、风船唐绵、邦克西木花

Color

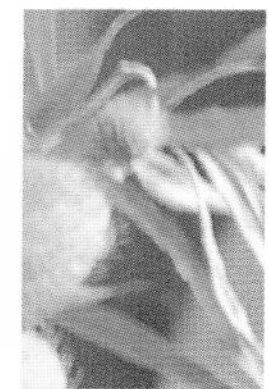

褐色×红色×绿色

精心选择这样的配色，能够最好地利用私人餐厅的空间。以褐色为基调，与木头椅子以及墙上挂的绘画意境巧妙联动，同时将红色和绿色作为装饰亮点。褐色不是纯粹的单一色彩，而是用绘有花纹的布来体现，因此显得更为自然质朴。红色用花卉和花器来体现，并且将它们摆放在最惹人注目的位置，这样整个筵席反而显得内敛含蓄。用娇嫩的黄绿色花卉营造惬意放松感。

3_March

花园里的下午茶时光

当能感受到春日阳光的温暖之意时，就可以将餐桌摆在花园里，享受美妙的下午茶时光。巧妙运用花卉和绿植的色彩，将餐桌布置成古典与时尚兼具的氛围。

Thema Color

Black × White × Silver

黑色 × 白色 × 银色

茶会的餐桌被绿色环抱着，而台布是黑色的。可能有人会惊诧于这种出人意料的组合，但是如果以花园作为筵席舞台的话，空间装饰的一贯主张就是充分妙用植物的缤纷色彩，并且筵席布置需要完美烘托它们的迷人色彩。如果想再稍微添加一点都市韵味，黑色是最合适的色彩。餐桌用品统一为白色和银色，整体显得奢侈华美。成套茶具为复古风尚，演绎古典与时尚兼具的氛围。

Inspiration Process

在早春的花园里惬意享受下午茶时光。

▼

筵席布置以黑色为基调，搭配白色和银色，这样能够完美映衬长在庭园里的绿植和花卉的色彩。

▼

台布选用黑色的，而白色、银色分别用花卉和餐具来体现。

▼

成套茶具为复古风尚，因此整个茶会也相应布置成古典与时尚兼具的氛围。

Table Item

餐碟和茶具

它们都是德国的老牌子餐具制造商“Reichenbach”的产品，造型古典，有种经过时光沉淀的含蓄华美，让人想到精致的古董。它们设计精美，底色为银色，有些地方被涂上了白色，给人时尚之感。为了贴切茶会的主题，甜点也选用了以白色为基调的传统裱花蛋糕。这是茶席，因此将餐巾简单卷好放置即可。

点心架

这是茶席上不可或缺的物件。选用的是银白色复古风的点心架，恰好符合茶会的主题色彩。点心架里面摆放着方便取用的三明治、焙制点心和巧克力，勾绘出英国的传统下午茶时光。

“以大自然的色彩为背景，打造古典与时尚兼具的风格”

Flower

玫瑰和娜丽花等

餐桌摆花统一为白色，这样不会与花园里植物的色彩起冲突。以玫瑰为主将各种花扎成花束插在花器里，感觉像是刚从繁花盛开的花园里采摘下来的。菱叶常春藤的黑色果实起到点睛之妙。质地光滑的花器不适合用在这里，因此选用的花器是玻璃质地的，设计巧妙，表面像是装饰着一层白色的树皮，充满大自然的温暖之意。

【Flower & Green】
玫瑰“Mondial”、菱叶常春藤

Color

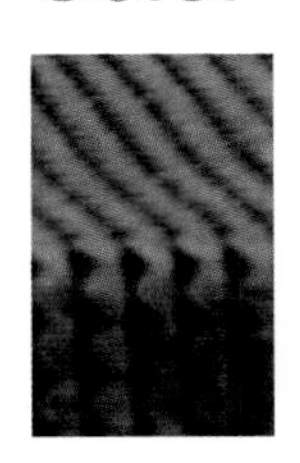

黑色×白色×银色

选用的这些配色可以完美地映衬作为背景的自然美景和绝美色彩。黑色用台布来体现，而餐具和花器统一为白色，对比鲜明。有些餐具是镀银的，更为鲜明地突出时尚优雅的印象。这些冷色调的配色充满都市风情，不过餐具的造型非常华美，就多了几分与花园茶会相契合的脉脉温情。

3_March

庆祝毕业

此款筵席是在春暖花开、清风拂面之际，庆祝学子开始新的人生旅程。以黄色为主题色彩，奢侈使用多如繁星的春季花卉，在轻松愉悦的氛围里，祝愿学子向着光辉灿烂的未来展翅翱翔。

Thema Color

Yellow × Green × Purple

黄色 × 绿色 × 紫色

此款筵席安排是大家简单享用前菜后，用甜品来表达庆祝之意。以象征希望和未来的黄色为主色调，将正反面均能用的黄色和黄绿色的绉纱纸当成台布铺在桌上。大手笔地使用春季的代表花卉郁金香和香豌豆，演绎明媚的季节感。将紫色作为添色加进来，整个筵席就多了几分隆重之意和华美之情，更符合庆祝筵席的主题。在配置森林百合时，需要将花卉插在不会遮挡视线的位置，这样显得高俏靓丽。

Inspiration Process

在和煦春日庆祝毕业。

▼

将象征希望和未来的黄色选为主色调，用郁金香和台布来体现此色彩。将绿色选为副色调。

▼

用紫色香豌豆作为添色，来表现庆祝宴会应有的华美典雅。

▼

器皿统一为透明物品，在春日的明媚阳光下璀璨夺目，熠熠生辉，象征学子面向充满希望的未来展翅翱翔。

Table Item

器皿和台布

不仅花器，除了茶杯之外的所有餐具统一为透明的器皿，勾勒春季特有的轻松愉悦。虽然器皿的质地不同，有些是水晶质地，有些由树脂制成，不过它们都是透明的，因此和谐统一，不会有任何违和感。作为台布使用的是常用以包装礼品的绉纱纸，它是正、反两用，在餐桌的正中央反折一下，露出黄绿色那面，就成了漂亮的长条桌带。纸张弄脏了的话，很容易更换新的，因此在非正式筵席的场合，是极为便利的物品。

“将紫色作为重点装饰色彩，整体筵席显得清爽干净，庆祝学子开始新的旅程”

糯米点心色彩鲜艳，与主题色彩巧妙联动。而盛放这些点心的器皿是“菅原”家的插一朵花的小花瓶，当然它是可以当成盛放饭后甜品的器皿使用的。其三角形造型给人以时尚的印象。

Flower

郁金香和香豌豆

在配置郁金香和香豌豆时，要将它们摆放在一起，仿佛它们是成堆生长在餐桌上。这两种花卉的茎秆的颜色和形态都极其美丽，因此将它们插在透明的花器里，作为筵席布置的重要组成部分。将树脂制成的CD盒当成花器来盛放郁金香，将郁金香毫无章法地随便插进花器里，强调春天的自然美景。将香豌豆分别插入水晶花器、香槟酒杯和玻璃质地的平底筒形杯里。

【Flower & Green】郁金香、香豌豆（紫色 2 种）、森林百合

Color

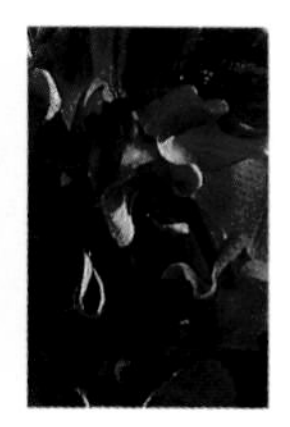

黄色×绿色×紫色

黄色代表光、喜悦和希望，是非常适合初春时节的颜色。将它选定为主色调，用台布和郁金香来体现，将茎秆的绿色作为副色调，将黄绿色的长条桌带作为点睛之笔。在此筵席上用香豌豆来添加紫色，它的自然之姿在不经意间为整体增添了几分庆祝宴应有的隆重氛围和华美韵味。

Column_2

山本流
筵席布置基本式样

根据西式宴会和日式宴会的不同，在餐具的配置上有不同的规定。不过，如果是在自己家里款待客人，就不需要墨守成规，自由发挥想象力，愉快地布置筵席。
在这里给大家介绍的是我家里日常用餐的餐桌和待客用的筵席上必不可少的最基本的物品的布置式样。

西式 风格的筵席布置

将台布铺到桌子上，将餐碟摆在座椅前方，刀子放在右手边，叉子放在左手边，酒杯放在右上角。将餐巾简单折成四方形放在餐碟上面。照片上的物品是在P46介绍过的餐碟和刀叉，它们构成了最基本的筵席布置。虽然很简单，但是在单一配色中黑色餐巾成为装饰亮点，而且有着高低之差，筵席显得优雅简约。

日式 风格的筵席布置

这款筵席布置的风格为时尚日式风情。将台布铺到桌子上，将案几摆在座椅前方。其上放置餐碟，正中央放置碗，在面前摆上箸枕，将筷子搁在上面。右上角放置酒杯，右手边放置平脚杯。在碗的后方放置卷成圆筒形的餐巾，就完成布置。泛着银色的单色调配色中黄色成为装饰亮点，整体风格为日式和西式混杂的跨界风格。

Hand Made Table Item & Napkin Work

手工制作的
餐桌用品和餐巾工艺

诸如餐单和餐巾装饰结这些手工制作的小物品，
在装点筵席时有时能起到画龙点睛之妙，非常珍贵。
餐巾的主要用途是擦拭手口，
防止弄脏衣服，也是为餐桌增辉添彩的重要物品。
这里介绍的仅是一部分的制作和折叠方法。

Hand made table item

餐单1

用带有花纹的彩纸和缎带制成

用质感犹如天鹅绒的、上面绘有植物花纹的彩纸和素色彩纸叠在一起折起来，再用缎带系起来即可。
可用于风格优雅的筵席装饰。

【Material】
带花纹的彩纸（绿色＆白色 16cm × 7cm）1 张
素色彩纸（绿色 16cm 正方形）1 张
缎带（灰色 1cm 宽）1 条
双面胶

【How to make】

1 将带花纹的彩纸翻过来，使白色背面朝上。在长边的两端贴上双面胶，将衬纸撕下来。

2 将带花纹的彩纸贴到素色彩纸上面。根据自己的喜好来决定贴在什么位置，露出多少素色彩纸。

3 将2的材料对半折起来。

4 清晰地压出折痕。

5 将餐单折口朝上提起来，缠上合适长度的缎带。

6 在餐单折口附近的位置将缎带打结。

7 如果打成蝴蝶结，就会显得过于甜美，因此只在一侧打结。

8 剪去多余的缎带，完成制作。

这是在 P62 的筵席布置里使用的餐单。使用的纸张跟本页介绍的彩纸质地相同，只是花纹不同。它的背脊处串有流苏。P22 使用的餐单也是相同的制法。

Hand made table item

餐单2

用金色彩纸和流苏制成

在绘有菊花图案的彩纸上叠加金色和黑色彩纸，
用流苏串起来，尽显华贵之意。
此款餐单契合日式风情的筵席布置。

【 Material 】
带菊花图案的彩纸（米色＆金色 15cm 正方形）1 张
皱纹和纸（金色 15cm 正方形）1 张
仿造纸（黑色 15cm 正方形）1 张
流苏（黑色）1 个

【 How to make 】

1 将黑色、金色和带花纹的彩纸一张张摞起来。这时，三张纸不是完全重合在一起的，每张需要上下稍微错些缝，这样能够看到不同彩纸的颜色。

2 在正中央对半折起来。

3 用剪刀在脊背部分的最顶端剪出一个三角形的豁口。

4 将三角形豁口部分的纸从餐单上剪下来。

5 将餐单展开，那里就有了一个小洞。将流苏从这里串过去。

6 将流苏串好后打结。因为是用流苏将三张彩纸系在一起的，即使不用糨糊或双面胶，纸张也不会散开。

7 完成制作。这款餐单是横款的，因此流苏的带子是短款的。

这是用于P78筵席布置里的餐单。虽然都是金色彩纸，不过这里使用的是绘有欧式风格植物的厚实纸张。背脊串有细长的彩带，给人时尚的印象。

Hand made table item

餐巾装饰结 1

用毛毡布和纸芯筒制成

将纸芯筒废物利用，跟毛毡布一起用来制作休闲式样的餐巾装饰结，洋溢浓郁波普风。
P38的筵席布置里使用了此款餐巾装饰结。

【Material】
带贴膜的毛毡布（蓝色、淡蓝色和黄色 · 20cm 正方形）各 1 张
纸芯筒（剪成长度约为 3cm 的物品）1 个

【How to make】

1 将用来包裹纸芯筒的毛毡布剪成比纸芯筒大一圈的形状。将2张用来当成装饰纹路的毛毡布剪成自己喜欢的形状。

2 将用来当成装饰纹路的毛毡布放在用来包裹纸芯筒的毛毡布上面，确认粘贴纹路的大致位置。

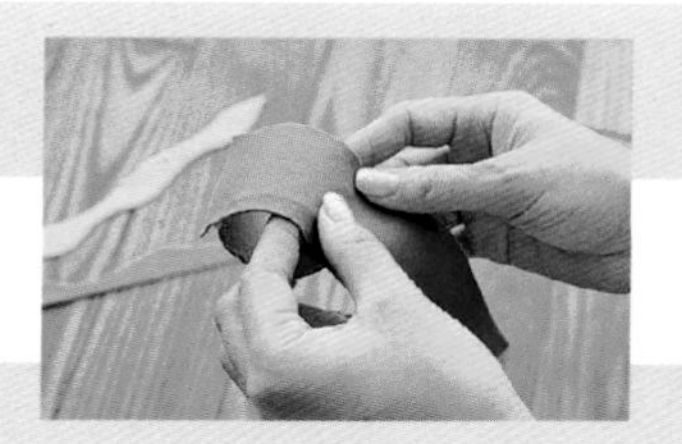

3 将用来包裹纸芯筒的毛毡布的贴膜撕下来，将有黏性的那面卷在纸芯筒上。

4 将毛毡布卷成一圈，最后的部分与开头部分微有重合。在这个位置将多余的毛毡布剪掉，接缝处紧紧粘好。

5 将高于圆筒长度的毛毡布的上下部分折进纸芯筒的内侧，恰好能遮住纸芯筒的切口。

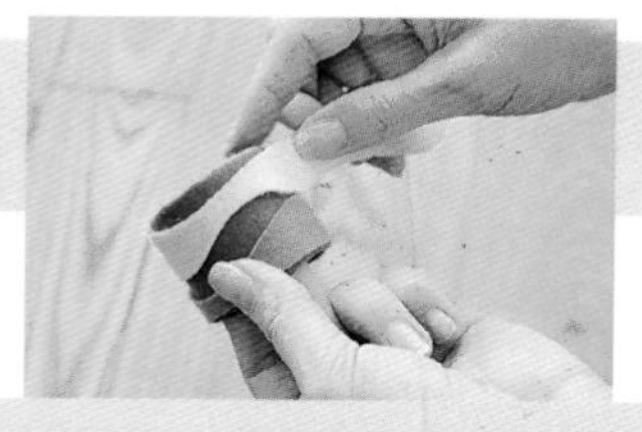

6 再贴上当成装饰纹路的毛毡布，完成制作。毛毡布本身带有贴膜，可以不用黏合剂，就方便使用。

Hand made table item

餐巾装饰结 2

用小饰品制成

小饰品的璀璨光芒，可以为筵席增添华美之意。不仅是圣诞节，在各种不同的场合都能发挥妙用。

【Material】

小饰品（红色 · 质感和光泽绝佳的物品）5个
缎带（黑色 · 宽 1 cm，长约 80cm）1卷

【How to make】

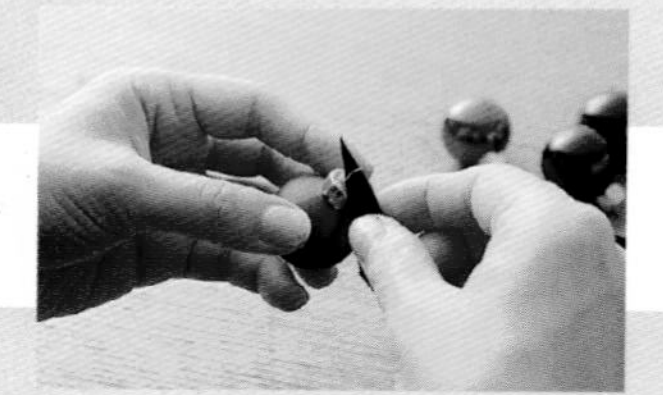

1 将缎带前端剪成斜边，再依次串过小饰品上部的吊坠。

2 将 5 个小饰品集中在中心，形状确定之后将缎带系成平结。将打结处朝下，把它们缠到餐巾上。

Hand made table item

餐巾的折法

用保水容器和缎带制成

在花店买兰花的时候，会附带着塑料保水容器。
将它们废物利用，
用自己喜欢的花和缎带制作成雅致餐巾。

【Material】
切花用保水容器 1 个
缎带（紫色，宽 2.5cm，长约 1.3m）1 卷
万带兰 1 朵

【How to make】

1 在保水容器里装上水，盖上盖子，将万带兰插进去。

2 调整保水容器的角度，使万带兰的正面对着人。将缎带在距离保水容器左端20cm的位置从后方缠绕到保水容器的上部。

3 将拿在右手的缎带翻折到前面。从后面往下卷之后，从前面往上卷，将保水容器整个遮住。

4 将拿在右手的缎带翻折到前面，然后再翻折到后面，将缎带缠绕至保水容器的下部。

5 将缎带缠至最下方之后，再将缎带缠绕至最上方。要点在于缠绕缎带时需要注意遮蔽好保水容器，不能露出来。

6 将缎带的两端系在一起，在保水容器的瓶盖处打结。打成平结，这样不会散开。

7 将缎带的前端用剪刀剪成斜边。

8 完成制作。可以把它们夹进折叠好的餐巾里，也可以和餐巾一起插进餐巾装饰结里，都很雅致。

P78的筵席布置是将它们插在餐巾装饰结里使用的。选用的锦缎颜色与筵席的主题色彩保持一致。

Hand made table item

筷子包装纸袋

用印有自己喜欢的花纹的纸张制成

筷子包装纸袋在日式宴会上是很适用的物品，可以用来体现不同的色彩。
纸张的色彩和质感各不相同，造型各异，
根据不同的场合会有无尽的种类。

【Material】
自己喜欢的带花纹的纸张（A4 纸大小）2 张
（将网络上的免费素材下载打印出来即可）

【How to make】

1 将纸张的素色内面朝上放置，沿横长边对折，压出明显折痕。

2 把纸张展开，将下方朝中央折痕处翻折。

3 将左上角朝向折痕处折出三角形。

4 将上部沿折痕处翻折，覆盖住下部。

5 将纸张翻过来，原本在内里的那侧现在朝上了。将多余的部分沿着内侧的纸张折叠，压出折痕。

6 将纸张朝着脸前的方向折叠。先在步骤5压出清晰的折痕之后再折叠的话，就会美观整齐。认真折好，使形状美观。

7 将右侧4cm左右的部分反折进背面。具体的折叠长度需要根据筷子的长度进行调整。

8 把筷子放进去，完成制作。这是最基础的形状，折法也非常简单，大家最好能记住这种折法。

Hand made table item

刀叉搁枕

用塑料小饰品制成

将价格适中的精致小巧的塑料小饰品串在一起。
饰品上的小洞本来是用来穿绳子的，
在这里的用途是防止小饰品滚落的制动器。

【Material】

塑料小饰品（金黄色，直径2.5cm）4个/树脂制黏合剂

Hand made table item

箸枕

用日本传统色彩的彩纸制成

箸枕的彩结非常漂亮，
并且箸枕展开来就是华美的扇形，最适合庆祝的场面。
使用日本传统色彩的彩纸制成，色彩的美妙韵味尽在其中。

【Material】
彩纸（粉红，黄色，15cm 正方形）各 1 张

【How to make】

1　将两张彩纸重叠在一起，上面那张纸比下面的横着错开 1.5cm。将面前的这条边折起来，宽度约为 1cm，压出清晰的折痕。

2　将粉红面朝上，从上面折出同样的宽度。再翻过来露出黄色的面，从下面折。重复这样的动作，折成蛇腹状。

3　重点在于要压出清晰的折痕。最后一步时折纸不能完全重合也没有关系。

4　把彩纸拿在手里，保持蛇腹状不散开打结，打好的结最好在正中央部位。

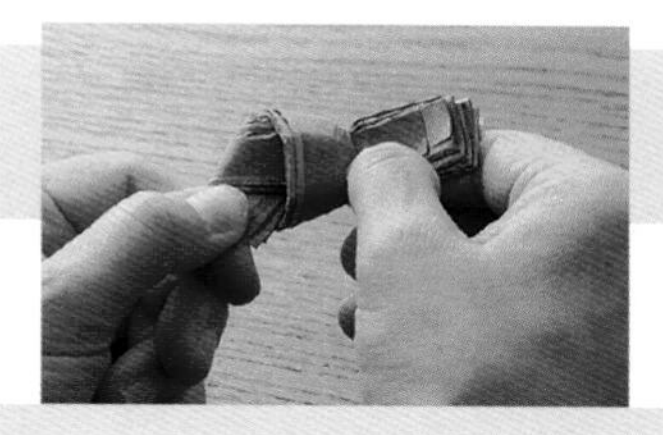

5　小心地拉伸两端，使形状美观。

6　将蛇腹状的彩纸展开成为扇形，会发现扇子的部分有两种不同的颜色，成为点睛之笔。这是因为在最开始的步骤里，两张彩纸不是完全重叠的，稍微错了点缝。

【How to make】

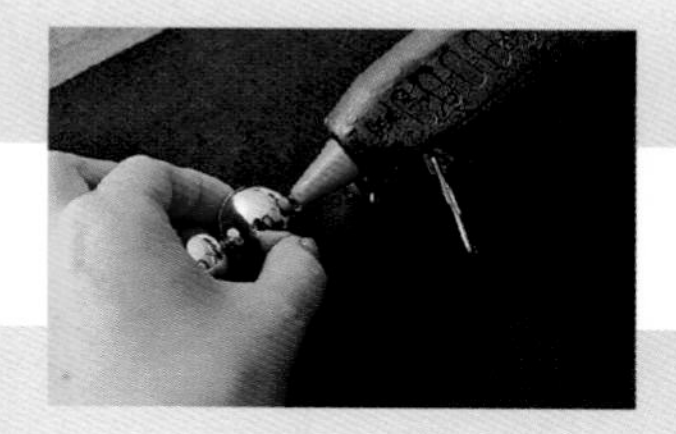

1　将小饰品的洞穴部分朝着人脸方向，就着这个位置把小饰品摆好，侧面涂上树脂制黏合剂，把一个个小饰品挨个粘在一起。

2　此时，制作要点在于将小饰品的洞穴朝向统一位置摆好后再进行粘结。以同样的要领将4个小饰品粘连在一起，放置30分钟左右，等树脂制黏合剂干了之后即可使用。

※树脂制黏合剂是将条形的树脂溶解后制成的黏合工具，在手工艺用品店和家居建材商店有售。

Hand made table item

礼品盒1

用人造花制作

人造花的质量很好，乍一看，完全不会觉得它们是假花。
用这些人造花来装饰买来的礼品盒。
如果将它们跟装饰在餐桌上的鲜花巧妙联动，筵席显得更为华美艳丽。

【Material】
人造花 10 ~ 12 朵
盒子（黑色，直径 15cm，高度 13cm）1 个
树脂制黏合剂

【How to make】

1 将人造花的花茎取下来，只用花朵部分。将盒子的盖子取下来，上面摆上花。

2 在盖子上摆上花，确定如何摆放才能达到完美效果。最好用手按着整个花束，认真观察花朵的大小、形状和颜色，确定整个花束达到平衡和谐。

3 在花朵背面的茎的位置涂上树脂制黏合剂，将花朵一个个粘贴到步骤2所决定的位置。

4 先从花朵大的粘起，在间隙处配置花朵小的，最后将整个花束掬在手心里以便调整花束的形状，完成制作。

※P18的筵席布置里使用的礼品盒，也是以同样的方法制成的。

Handmade table item

礼品盒2

用彩带来装饰

在礼品盒上按自己喜欢的样式系上正反两用的彩带，就成为礼品盒的精美设计了，像是将纤长的彩带直接当成礼物送人的感觉。

【Material】

正反两用的彩带（蓝色＆黄色，宽 1.3cm）3m

【How to make】

1 彩带的系法遵从平常系彩带的方法，在盒子上打成十字结。左手上的彩带短些，右手上的彩带长些。

2 将右手上的彩带从盒子的底部绕上来，在中央交叉点稍微靠脸前的位置和左手里的彩带交叉。

Hand made table item

花卉基座1

用制成永生花的地衣来制作

这个想法的初衷是想将随处可见的玻璃花器用绿植打扮得高端一些。
地衣不是直接粘在花器上的，而是先用纸包好花器然后将地衣粘上去。
用完之后把地衣剥落的过程也是挺有趣的。

【 Material 】
玻璃花器（直径 8cm，高 10cm）1 个
模造纸（绿色，8cm × 36cm）1 张
冰岛地衣（永生花 · 春绿色）适量
透明胶带
双面胶
树脂制黏合剂

【 How to make 】

1 将模造纸缠到花器上，纸的宽度比花器的高度低 2cm 左右。如果没有绿色纸张，黑色也可以。选择的标准是跟地衣相似的颜色。

2 将接口处重叠的部分用透明胶带粘好。

3 在纸张上面等间距地贴上5条双面胶，每条都要绕花器一周。

4 撕下双面胶的剥离纸，将地衣贴到整个花器上。

5 有些地方地衣粘得不太牢固，这时需要用树脂制黏合剂把地衣粘好。

6 用双手压实，整饬形状，完成制作。

3 按着左手的彩带，将右手里的彩带从上面绕过来缠到盒子上，和脸前的彩带交叉。

4 以同样的方法，在自己喜欢的位置将彩带交叉。纵横交叉得越多，看起来越是漂亮愉悦。最后在上面系上蝴蝶结完成制作。

Hand made table item

花卉基座2

贴上绒毛叶

这是将制成永生花的绒毛叶贴到方形花器上的造型。
根据粘贴的绿植种类和作为基座的花器形状的不同，
整体氛围也截然不同。

【Material】

花器（12cm × 12cm × 11cm）1 个
模造纸（绿色，10cm × 30cm）2 张
绒毛叶（永生花）46 ~ 48 片
透明胶带
树脂制黏合剂

【How to make】

1 将模造纸缠卷在花器上，将接口处重叠的纸张用透明胶带粘好固定住。

2 在绒毛叶的反面涂上树脂制黏合剂。

3 将绒毛叶贴到花器的侧面，恰好从花器一半高度的地方往下，将绒毛叶一片片贴到花器上。相邻的两片叶子稍微有重叠的部分，叶子的前端向上。

4 贴完一圈的话接着贴上半部。贴的时候注意将叶柄部位藏在刚才贴的叶子下面。

5 以花器底部为基础，将超出花器底部的绒毛叶用剪刀剪除，与底部持平。

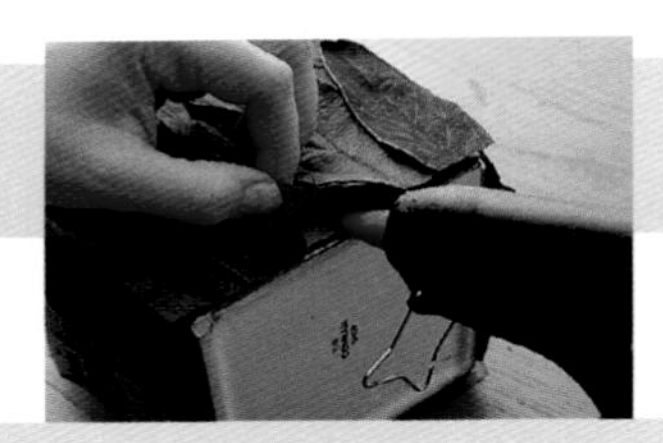

6 刚才修剪的地方的绒毛叶可能会翘起来，用树脂制黏合剂粘牢固，完成制作。

P74 的筵席布置里使用了贴着木贼的花器，适用于充满时尚氛围的日式风格的筵席。根据粘贴的素材不同，氛围也是大相径庭。细细品味，也是赏心乐事。

Napkin work

餐巾折花1

帆船

用这种折法折叠后，将餐巾横着立起来，看起来就像是帆船的形状。
也可以在酒店的宴会的场合采用这样的餐巾折花，比如说将餐巾插放在酒杯里。
立体感鲜明，并且显得华贵典雅。

【How to make】

1 准备好边长为45cm的正方形麻质餐巾。将反面朝上铺开，从里头朝手头对折，再从右边向左边对折。

2 将左下角朝里头折叠，跟顶点重合，形成三角形。

3 将三角形的顶点朝上，沿着中心线，将右半部分折叠起来。

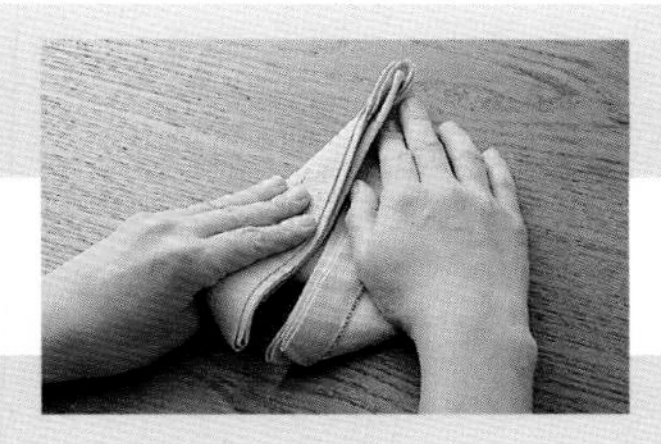

4 左侧也同样折叠。

5 用手将整个儿餐巾举起来，将下半部向反面折进去。

6 折好后就变成等边三角形。

7 对折，注意做到中心能够打开。

8 8.左手拿着餐巾折叠闭合的部分，右手将重叠在一起的餐巾中的一片捏着立起来。

9 同样操作，将剩下的三片也捏着立起来，营造立体感。将形状整饬得美观些，完成制作。

※P42的筵席布置上，使用了这种餐巾折花。

Napkin work

餐巾折花2

扇子

折成扇形的餐巾显得华丽典雅，
非常契合喜庆的筵席。
制作完成后如果稍微用熨斗熨烫下做出明显的折痕，
就会显得更为美观和隆重。

【 How to make 】

1 准备好边长为45cm的正方形麻质餐巾。将正面朝上铺开，在手头大约5cm处，将餐巾向里头折进去。

2 用力压出折痕，以同样的宽度向反面折进去，再以同样手法向里头反折。重复这样的步骤，折成蛇腹形状。

3 将整张餐巾全部折成蛇腹形状。

4 用手在餐巾上重压，做出明显的折痕。

5 双手拽着餐巾两端，不能破坏蛇腹造型。

6 分别在1/3的地方，将左右两端的餐巾向内侧折叠。

7 打开。

8 从左右折叠餐巾，将成为扇柄的部分在中央叠整齐，将开口的部分朝向外侧展开。

9 压出明显的折痕，并呈扇形展开，完成制作。

※P74的筵席布置，使用了这种餐巾折花。

Napkin work

餐巾折花3

波浪

这样的折花可以实现各种有趣的想法，
比如在褶皱里插上花或者放上卡片都是挺不错的，
适用于想给平着折放的餐巾增添一些个性的场合。

【How to make】

1 准备好边长为45cm的正方形麻质餐巾。将反面朝上铺开，从手头向里头对折，然后从左向右对折。

2 将最上面的这片餐巾对准对角反折起来，折成三角形。

3 在折线稍微靠下处，将折成三角的部分向里头折叠。

4 捏着三角形的角，沿着最初的折痕处朝手头折叠，做出蛇腹形。

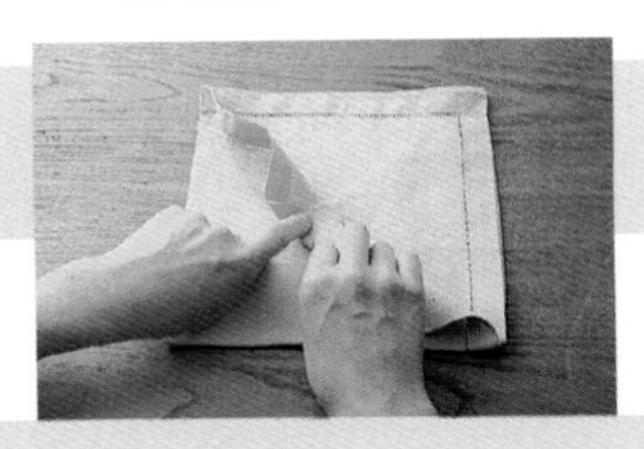

5 将多出的部分向里头反折进去。

6 用手按着折叠部分，将餐巾举起来。

7 在正中央竖着对折。

8 将形状整饬美观，即完成制作。将它摆放在餐桌上的时候，将长轴摆在右侧。

P14的筵席布置上使用的实例。里面插上一朵安祖花，与餐桌摆花完美联动。

本书的筵席布置色彩一览

此处将本书介绍的25例筵席布置按照不同的色彩分别罗列出来。

Pink ～ Purple（粉红色～紫色）

母亲节（P19）

将红酒作为主角（P63）

光辉璀璨的圣诞节（P72）

Pink（粉红色）

蓬巴杜夫人的茶会（P23）

Blue（蓝色）

与梅雨天来场美丽邂逅（P29）

感于伊夫·克莱因的绘画（P39）

Green（绿色）

六月新娘（P26）

欣赏室内绿植（P44）

White × Green（白色×绿色）

情人节（P79）

Yellow（黄色）

珍爱金合欢（P11）

梵高的《向日葵》（P42）

庆祝毕业（P91）

Red ~ Orange（红色~橘色）

盛夏在塔希提的度假时光（P35）

庆祝重阳节（P49）

孩子们的餐会（P59）

Red × White（红色×白色）

和闺蜜们一起庆祝新年（P74）

Red × Black（红色×黑色）

走成熟风的万圣节派对（P56）

夫妇二人共度新年（P76）

Black × Purple（黑色×紫色）

浪漫七夕（P32）

Orange × Green（橘色×绿色）

用爱马仕的品牌颜色来装饰筵席（P53）

Brown（褐色）

看得见海景的房间（P15）

晚秋的收获庆典（P66）

乐享非洲民族风（P83）

Monotone（单色调）

单一色调的圣诞节（P69）

花园里的下午茶时光（P87）

作者简介

山本侑贵子 Yukiko Yamamoto

宴饮·空间企划设计师
股份公司dining & style法人代表

毕业于庆应大学英美文学系。在外企证券公司做过营业助理，之后结婚生子。出于兴趣爱好，她喜欢做些料理，并喜欢举行宴会招待客人，而这些也得到了客人很高的评价。1999年她在家里开设沙龙“dining & style”（饮食·格调），致力于传达筵席布置的乐趣。2007年在东京和大阪开设“dining & style”认定讲座，专门培养职业的筵席布置人员，并从事各项与造型布置和款式设计有关的工作，如店铺企划、商品开发和展会陈列等。担任“成城石井select”的商品开发·店铺企划，日本航空的头等舱·商务舱的休息室（羽田·成田）的空间布置。此外，还负责NHK早晨的资讯节目“晨间速报”的“三大厨神大PK”的节目环节设计。她还负责很多企业的时尚设计，如世界知名品牌“Wedgwood”“lecreuset”“Baccarat”“Noritake”“Housefoods”“Nikko”“Nikko”和“Christofle”等。对红酒和香槟有很深的造诣，持有日本sommelier协会认定的品酒师资格证书。2008年获得法国香槟骑士团荣誉骑士勋章。著作有《我的待客之道》《12个月的招待宴会》（均为Aspect出版）《招待宴会的教科书》（WANI BOOKS出版）《招待宴会基础课程》（讲谈社出版）。月刊《Florist》（诚文堂新光社）有连载专栏。
公共网页 http：//diningandstyle.com/
公共博客 http：//ameblo.jp/diningandstyle/

著作权合同登记号：豫著许可备字 -2015-A-00000497

图书在版编目（C I P）数据

爱与餐桌　一期一会 /（日）山本侑贵子著；李静译 .
—— 郑州 : 中原农民出版社，2017.5
ISBN 978-7-5542-1632-3

Ⅰ . ①爱… Ⅱ . ①山… ②李… Ⅲ . ①宴会—设计
Ⅳ . ① TS972.32

中国版本图书馆 CIP 数据核字 (2017) 第 047146 号

出版：中原出版传媒集团　中原农民出版社
地址：郑州市经五路 66 号
邮编：450002
电话：0371-65788679
印刷：河南省瑞光印务股份有限公司
成品尺寸：210mm × 260mm
印张：7
字数：200 千字
版次：2017 年 5 月第 1 版
印次：2017 年 5 月第 1 次印刷
定价：68.00 元